认识5G+

UNDERSTANDING 5G+

李翔宇 刘涛◎著

机械工业出版社
CHINA MACHINE PRESS

本书将国内外众多研究机构的 5G 分析成果进行重新解构，去粗取精，不着重于 5G 技术细节的讲解，而是探讨 5G 与交通、医疗、教育、金融、工农业等核心产业的融合，精选了数十种 5G 典型应用场景，为读者呈现了一幅清晰有趣的未来社会画卷。本书旨在加快各行各业对 5G 知识的认识和应用。全书文笔简洁，通俗易懂，非常适合通信行业以外的各类从业者阅读。

图书在版编目（CIP）数据

认识 5G+/李翔宇，刘涛著．—北京：机械工业出版社，2020.5（2020.9 重印）
ISBN 978-7-111-65657-9

Ⅰ．①认… Ⅱ．①李… ②刘… Ⅲ．①无线电通信-移动通信-通信技术
Ⅳ．①TN929.5

中国版本图书馆 CIP 数据核字（2020）第 084618 号

机械工业出版社（北京市百万庄大街 22 号　邮政编码　100037）
策划编辑：杨　源　　责任编辑：杨　源　李培培　张淑谦
责任校对：张艳霞　　责任印制：孙　炜
保定市中画美凯印刷有限公司印刷

2020 年 9 月第 1 版·第 2 次印刷
184mm×240mm·11 印张·212 千字
3001-4500 册
标准书号：ISBN 978-7-111-65657-9
定价：69.80 元

电话服务　　　　　　　　　　网络服务
客服电话：010-88361066　　机 工 官 网：www.cmpbook.com
　　　　　010-88379833　　机 工 官 博：weibo.com/cmp1952
　　　　　010-68326294　　金 书 网：www.golden-book.com
封底无防伪标均为盗版　　　　机工教育服务网：www.cmpedu.com

未来十年，在能够影响全球经济和社会变革的引领性技术中，5G 和人工智能是必不可少的两项。5G 能够实现大规模数据的高速传输，人工智能可以实现大规模数据的高速分析决策。5G 如同人体的神经系统，人工智能如同人体的大脑。

在过去短短一年的时间里，5G 已经不再是通信行业的专属名词，而是快速走进了千家万户，成为各行各业的一个热词、全民瞩目的一件大事。

事实上，无论你所处什么行业，从事哪类工作，只要关心未来十年的经济与社会发展趋势，都必须重新认识 5G。它能够影响甚至再造我们生活的方方面面。它是开启下一个黄金十年周期、推动未来社会模式变革的引擎。

人们重视 5G 是因为 5G 的超高速传输速度可以给我们带来更多的生活应用想象空间。

遥想二十多年前，当人们开始使用手机时，体会到了不再受地理位置限制、无论在哪都能通话的快乐。后来，短信、彩信业务为人们的沟通互动增加了更多趣味性。

当 3G 出现后，视频、购物、娱乐等功能从计算机移植到手机上，创造了全新的移动互联网生活。

4G 是 3G 的延伸和升级，更高的网速，让 3G 时代产生的众多场景应用在 4G 环境下得到了更优的体验，手机与人们的个人生活再也密不可分。

5G 在 4G 技术的基础上向前迈进了一大步，是一种里程碑式的跨越。在 5G 的背后，会有无人驾驶、远程教育、超高清视频以及虚拟现实等无比丰富和刺激的新生活场景在等着我们，这是大众对 5G 最主要的期望，也是本书将要描绘的一幅画卷。

除了种种科幻般的生活情境，5G 还会给我们带来什么？

试想，当 3G 出现的时候，很多人都预言 3G 会改变世界。但实际上，真正改变世界的不是 3G 技术本身，而是智能手机的诞生。智能手机的革命性创新为 3G 的诸多创新应用提供了最关键的实现载体。

智能手机与 3G 彼此不可分隔、互相成就。两者共同催生了一个全新的产业——移动互联网。

技术创新只有开启新产业才能够带来实实在在的真价值，才能说是开创了新世界。如同蒸汽机开启了机械制造业，计算机开启了信息产业。强大的 5G 必然会改变很多传统产业，必然会开启属于自己的全新产业。

新的产业会是什么？也许答案就在未来的工厂、汽车、银行以及城市之中。5G 会如何改变以往的产业面貌？如何去塑造新的产业形态？读者从书中就可以找到答案。

消费者对 5G 充满期待，产业界对 5G 翘首以盼，而在国家层面，又是如何定位 5G 价值的呢？

如果说在此之前，5G 的意义更多还局限于专业圈子。那么从 2019 年开始，5G 已经成为各国之间博弈的重点，美国、日本、韩国等国先后明确了 5G "时间表"，意欲争夺 5G 控制权。5G 不仅是技术的比拼和产业的竞争，更关乎到了国家的实力。

2020 年，"新基建"已经拉开帷幕，5G、人工智能、大数据和云计算成了核心要素。打个比方，"新基建"是为中国长期经济发展和科技竞争"打地基"，5G 技术就是这一伟大工程的"奠基石"之一。5G 赋能的工业互联网、智慧能源、智能制造等诸多行业的数字化升级，将帮助中国赢得未来 10 年的战略主动权。

相比以往，中国在 5G 方面已经有了很大的主导权和领先优势，也有了赢得未来竞争的自信和实力。前三次工业革命分别来自于蒸汽机、电气技术、计算机技术的出现，作为与之相提并论的新技术，5G 与人工智能将主导第四次工业革命，谁能在此领域抢占先机，谁就能对未来 10 年、甚至 20 年的世界经济和社会发展拥有足够的核心竞争优势。

如今关于 5G 的报告、分析汗牛充栋，非通信专业的读者不免会有些无从下手，望而却步。为此，本书将国内外众多研究机构的 5G 分析成果进行重新解构，去粗取精，不着重于 5G 技术细节的讲解，而是探讨 5G 与交通、医疗、教育、金融、工农业等核心产业的融合，精选了数十种 5G 典型应用场景，给读者展现了一幅清晰有趣的未来社会画卷。

在 5G 时代拉开帷幕之际写作本书，旨在加快各行各业对 5G 知识的认识和应用。全书文笔简洁，通俗易懂，非常适合通信行业以外的各类从业者们阅读，帮助他们用最快的速度掌握 5G 关键认知，启发思路。

无论如何，我们都需要 5G，身处各行各业的创业者、经营者们，更需要对 5G 对未来社会的影响有一个全面的认知，这也是作者写作本书的初心所在。

第 3 章　5G+汽车：行走的智能机器人 / 37

第 4 章　5G+交通：让马路变得更聪明 / 51

第 5 章　5G+工业：虚拟工厂与柔性制造 / 61

第 1 章

5G+技术：不只比
4G 多一个 G

认 识 5G+

前世今生：从"大哥大"到"小苹果"

我们都知道，5G 时代已经到来。5G 的 G 为 Generation 的英文缩写，5G 就是 5th-Generation，第 5 代移动通信技术。

从这一章开始，我们要聊一聊 5G，但在聊 5G 之前，需要花点时间介绍一下 5G 是怎么来的。

5G 不是凭空产生的，在它之前，移动通信已经有 20 多年的演进发展历程，如图 1-1 所示。从 1G 到 4G，通信技术越来越好，网络速度越来越快，手机样式越来越酷，产品功能越来越多。通信技术是信息化的引领者，也是信息社会的缔造者。

在任何国家，通信都是国家的基础性产业，渗透到社会生活的方方面面。离开了通信网络，我们甚至无法顺利地开展工作、享受生活。

可在 20 多年前，移动通信技术刚刚起步的时候，我们对于通信的认识还停留在接打电话的原始阶段。一路走来，通信技术的适用范围愈发广泛，正是这期间企业的不断创新和开拓，才有了如今 5G 新时代的壮美篇章，5G 带我们走入新的生活。

花一点时间来回顾一下 1G 到 4G 的发展历程，有助于大家深入了解 5G 带给全社会的深远影响。

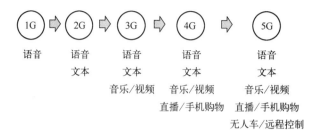

图 1-1　1G 到 5G 的进化

1G：人人都想有个"大哥大"

20 世纪 90 年代的电影中，大家经常会看到"大哥大"。"大哥大"使用的技术就是第一代移动通信技术，也就是 1G，是产生于 20 世纪 80 年代的模拟通信技术。中国在 1987 年广东全运会上正式启用了 1G 移动通信系统，至今已经过去 30 多年。

1G 背后的核心企业是摩托罗拉公司（以下简称摩托罗拉）和爱立信公司（以下简称爱立信），因为双方使用的频段不同，所以分为 A 网和 B 网。读者身边如果有过去老邮电局的朋友，不妨问问关于 A 网和 B 网的事情，也许能听到更多有趣的往事。

"大哥大"由摩托罗拉公司发明，摩托罗拉是通信界的元老，一步步开创了通信产业。1930 年，摩托罗拉生产了首款收音机设备；1946 年，摩托罗拉开始涉及手机行业，首次实现了车载通话。

1973 年 4 月，摩托罗拉公司工程技术员马丁·库帕（Martin Cooper）发明了世界上第一部民用手机，马丁也被称为"现代手机之父"。1983 年，我们俗称的"大哥大"问世，即摩托罗拉 DynaTAC 8000X，从此奠定了摩托罗拉的通信领军者地位，直到世纪之交。

但是 1G 通信系统只能传输语音，而且网络容量很有限，通话质量不好。当年很多人都看到过这样的情景：有的人在街头拿着"大哥大"使劲喊，声音很大。很大的原因就是因为信号实在不好，听不清话音，只能靠使劲喊来让对方听到。

另外，1G 通信系统的保密性也较差，经常有串号、盗号的现象，容易被窃听。而且当时通信资源匮乏，设备昂贵，一部"大哥大"能卖到上万元，手机话费更是上千元。

1999 年，1G 通信系统正式被关闭，没能迈入新世纪，但没有人会留恋"大哥大"，因为当时的人们等来了真正的移动通信技术——2G。

2G：诺基亚奠定"霸主"地位

"神州行，我看行！""我的地盘我做主！"，多么耳熟能详的广告语！

全球通、动感地带、神州行，当年中国移动通信有限公司（以下简称中国移动）的广告铺天盖地，反映了在 21 世纪初的那几年，移动通信经历的爆发式增长期，那是全球移动通信最美好的"开疆拓土"阶段。

为这个黄金时代铺路的，正是第二代移动通信技术——2G。相比 1G，2G 属于数字通信技术，多了数据传输能力，因此，我们在手机上不仅能打电话，还能享受发短信、彩信、定制手机报、彩铃等特色服务。

那个时候，发短信成为最时髦的社交方式。街头巷尾、大学校园、工作单位，越来越多的人开始变成"低头族"，每时每刻都要摸出手机看看新闻、发发信息。如今我们的"手机依赖症"和很多使用偏好，应该都能追溯到那个时代。

为了能在通信竞争中占据优势，欧洲各国成立了统一的组织，向全球推广自己的通信标准——全球移动通信系统（Global System Mobile Communications，GSM）。1989 年，欧洲将 GSM 推进商业化应用。1993 年，中国嘉兴建成 GSM 网，成为国内第一个数字移动通信网。

与欧洲的 GSM 阵营相对抗的是美国的 CDMA 阵营，核心企业是高通公司（以下简称高通），它们将原本用于军事通信的 CDMA 技术转为商业通信技术，可以让多个用户同时共享频道，能让电信运营商建更少的基站。

技术上，CDMA 更具有优势，但对于一个产业而言，CDMA 起步晚了一些。当高通将 CDMA 技术变成熟之时，GSM 已经推广到了全世界，成为事实上的国际标准。

欧洲 GSM 独步全球的同时，也催生出了背后强大的通信产业，其中最大的赢家便是来自芬兰的诺基亚公司（以下简称诺基亚）。诺基亚是一家百年老店，成立于 1865 年，但早年从事的主业是伐木和造纸，与通信行业相隔甚远。后来，诺基亚敏锐地洞察到无线通信技术的发展潜力，果断转行，开始涉足电信行业。伴随着电信行业的快速发展，诺基亚适时地调整战略，打造自身的电信实力。到了 20 世纪 90 年代中期，诺基亚干脆将其他传统产业舍弃，专注于电信领域。这一次战略转型，成就了后来诺基亚在 2G 时代的辉煌。

从 1995 年开始，诺基亚的手机业务快速发展，凭借着自身过硬的硬件实力，搭配当时最好的手机操作系统，诺基亚几乎引领了 2G 时代的所有风潮。

2003 年，诺基亚推出了 1100 手机，销量突破 2 亿部，两年后，诺基亚推出 1110 手机，销量达到 2.5 亿部。时至今日，极少有哪一款手机的销量能够达到这样的规模，直到 2011 年，诺基亚都仍是全球手机的销量冠军。

2G 时代相对于 1G 时代，手机的参与者也更多，但真正能与诺基亚开展竞争的，只有摩托罗拉、爱立信和三星集团（以下简称三星）寥寥数家公司。大家你争我赶，手机也不断推陈出新。

这个时候，我们印象中的手机再也不是"大哥大"那种形态，而是越来越小巧精致。翻盖手机、折叠手机、触屏手机相继被开发出来，音乐、拍照、游戏等功能被嵌入其中，手机的含义也早已超越了电话，成为我们生活中不可或缺的一部分。

在这一过程中，每个人都经历了移动通信的洗礼，通过诺基亚们，完成了与移动互联网最初的"邂逅"。

3G："小苹果"颠覆大格局

"今天苹果将重新定义手机。"

"iPhone 领先了其他手机 5 年的时间，我们可以甩掉鼠标，只用手指来使用多触点控制屏幕——这个最具革命性的用户界面。"

2007 年 1 月 9 日，旧金山 Moscone 中心，苹果公司（以下简称苹果）CEO 乔布斯向全球展示了第一代苹果手机 iPhone——没有键盘，只有一个 Home 键和超大全触摸屏。

经过摩托罗拉和诺基亚多年的"培育"，屏幕+键盘的手机形态已经牢固印在了人们的脑海里。但这一天，乔布斯颠覆了人们对"手机"的认知，全世界迎来了智能手机的大变革。

一年以后，乔布斯带来了新一代苹果手机 iPhone 3G，这是支持 3G 网络的 iPhone 手机，而且还加入了 App Store 苹果应用商店。苹果定义了手机与互联网的结合模式，也敲定了 3G 时代移动通信的主基调——平台为主，应用为王。

3G 具有承前启后的作用，因为在之前的 1G 和 2G 时代，并没有国际组织明确定义什么是 1G 和 2G，无论是美国还是欧洲，都是自发组织形成标准，然后靠自己的力量对外推广。

但从 3G 开始，国际电信联盟（ITU）提出了 IMT-2000，各国提出的技术只有符合 IMT-2000 要求才能被接纳为 3G 技术，以此推动各国实现标准融合，大家在统一的游戏规则下，有序竞争。最终被 ITU 接纳的 3G 标准有欧洲的 WCDMA、美国的 CDMA2000 和中国的 TD-SCDMA 3 种。

相比 2G，3G 有了更多的频宽，传输速度更快，如同马路拓宽后，能上路的汽车更多了，车速也能更快。这就为大量的视频内容涌现奠定了网络基础，3G 开启了网络视频服务产业的新纪元。

我们大多数人的"智能社会"启蒙，应该是在 3G 时代，苹果 iPhone 的横空出世重新定义了智能手机，以诺基亚为代表的传统手机厂商受到了空前挑战。

很多人认为诺基亚的衰落是因为故步自封、不喜创新。但实际上，诺基亚一直都在投入重金做技术研发。2000 年，诺基亚就研发出了可以收发电子邮件和玩游戏的智能手机，在苹果的 App Store 之后，诺基亚也推出了 Ovi Store。即使是在受到苹果的强大竞争、诺基亚市场份额逐渐下滑的时候，公司的研发费用依然达到 55 亿欧元以上，远超苹果的投入。诺基亚并不是输在单纯的技术细节上，而是输在没有看懂未来智能手机和移动互联网的新模式上。在产品设计上，诺基亚始终坚持认为手机的核心功能是通信，上网娱乐仅仅是附加的功能。但在 2007 年著名的 iPhone 发布会上，乔布斯颠覆了这个固有认知，当诺基亚第一时间拿到 iPhone 之后，技术部门的评估结论认为这更像是一个玩具，而不是一部电话。最终市场部门给出的答案是："我们需要一部能打电话的玩具，而不是可以玩游戏的电话"。

苹果和谷歌的"硬件+软件+服务"的移动互联网商业模式是对传统企业单纯依靠产品竞争的一次颠覆式创新。面对苹果 App Store 和谷歌 Andriod 开创的平台化生态战略，诺基亚依然停留在传统的零和竞争维度，凭借自身高投入的研发和对市场占有率的执着，很难选择与众多小微个体开发者共享与分利。诺基亚的 Ovi Store 虽然优先推出，但应用资源相对不足，生态构建上相比竞争对手愈发落后。

当诺基亚意识到必须变革的时候，却没有与谷歌公司（以下简称谷歌）Andriod 系统及时合作，而选择与微软公司（以下简称微软）的 WindowsMobile 系统合作，结果证明这是一个双输的结局。Andriod 系统的开放生态越来越火，市场占有率迅速攀升至第一，而诺基亚和微软作为过去移动通信和计算机时代的霸主，却双双错失了移动互联网的契机，被后来者远远甩开。

3G 最大的不同是 App Store 带来的应用商店模式让内容服务的丰富度，而不是手机硬件质量，成为决定胜败的关键因素。苹果丰富的应用对消费者具有强大的吸引力，而诺基亚始终没能构建出一个繁荣的生态系统。

整个 3G 时代，我们享受着高速的网络，多样的内容应用。微博、微信改变了社交，网购、外卖改变了生活，一切的一切都与曾经想象中的通信世界大不相同，3G 和苹果手机重塑了个人通信的景象，将通信服务彻底推向互联网化的社交娱乐新形态。

回头看，5G 之前，最具革命性的变革就是 3G 的到来。

4G：国产手机的春天

4G 技术标准有两个：TD-LTE 和 FDD-LTE。相比 3G，4G 的传输速率更快，网路频谱更宽，通信更具灵活性和兼容性，所有 3G 可以实现的功能，4G 都可以更快、更好地实现，除此以外，4G 技术并没有什么突破性的创新。

正因为 4G 属于 3G 的加强版，产生于 3G 时代的各种手机应用，在 4G 网络中能够尽情地发挥出更大的功效。我们在 3G 手机上形成的日常生活习惯，在 4G 中都得到了继续强化。手机已经彻底脱离了通信的基础属性，变成每个人随身携带的生活必需品，只要手机账户里有钱，一部手机可以行遍天下。而对于手机厂商而言，手机形态也开始在苹果 iPhone 的重新定义下，越来越突出大屏幕、全触摸的特点。

3G 到 4G 的过渡阶段，也是中国自主品牌手机全面爆发的时期。相比于以往诺基亚和苹果两强争霸，如今华为、小米、OPPO、vivo 纷纷登场、群雄逐鹿。凭借价格优势、外观设计、特色功能以及花样营销等各种招数，国产手机的市场占有率节节攀升。

当年，我们手机下载一个图片都需要几分钟时间，而今，我们随时可以点开视频在线观看；当年，我们精打细算每个月的流量花销，而今，Wi-Fi 热点布满全城，流量包价格已经平民化。

　　手机的变迁，承载了 1G 到 4G 的移动通信发展。今日，手机已经不能完全体现 5G 的强大功能。5G 的目标是让所有终端随时随地能够联网，不仅仅是智能手机，还有手表、眼镜、家具、汽车、楼宇、街道、工厂车间、农田水利、电厂煤矿以及整座城市。5G 与 4G 技术的对比如图 1-2 所示。

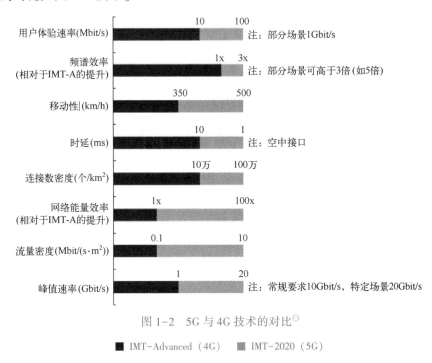

图 1-2　5G 与 4G 技术的对比[○]

■ IMT-Advanced（4G）　　▨ IMT-2020（5G）

　　5G 网络的传输速率可达 10 Gbit/s，可以不到 1 s 下载完成一部高清电影。于是，我们会反问道：那还有必要下载吗？完全都可以在线运行。是的，就是如此，我们不需要下载安装任何软件，一切都可以在云端实现，因为 5G 的高速率，让你感觉不到有任何延迟。也正是如此的高速，5G 会渗透到社会的各个领域，突破时空局限，为各行业的应用场景提供前所未有的全新体验。

独门秘笈：像切面包一样切网络

　　通信网络如同城市公路，每一位用户的信息就像一辆汽车，在网络"公路"中来

　　[○]《5G：2020-2030 十大趋势》，中国国际金融股份有限公司（以下简称中金公司）研究部。

回行驶。

渐渐地，车辆越来越多，路面越来越堵，尤其是路上的车还不仅是一种，有小轿车、面包车、大客车以及重型货车等，各自的速度不一样，出行时间也不尽相同，经常造成交通拥堵，甚至彼此还会产生"摩擦"，造成事故。

总之，路越宽，车越多，交通越拥堵，成了一个怪圈。

怎么破解？

交通部门有办法，针对不同的车辆和出行需求，对公路进行分流管理。比如，开辟专门为公共汽车行驶的公交专用道，还有快速公交专用道、非机动车专用通道；修建环城公路，让长途汽车不用穿越城区，减少市内交通压力。一句话，分类管理，灵活组合。

回到通信领域，如果通信网络也能够实现灵活的管理，为满足不同用户需求开辟出专有的通道，那么不仅能够解决网络拥堵问题，而且在专有通道内，用户的体验度会更高。这就该提到 5G 的独门秘笈——"网络切片"技术了。

磨刀霍霍"切"5G

从 1G 到 4G，我们建设的网络基本上都属于"一揽子"工程。就是说，网络满足的都是共性的需求，比如上网和通话。但是从 3G 时代以后，移动互联网爆炸式发展，用户的个性化需求逐渐丰富起来，各种新的场景应运而生，每个场景都对网络提出了不同的性能要求，再想靠一张总网把大家的要求"一揽子"解决已经不可能了。

网络的改造势在必行。以前的网络建设就像传统的盖房子一样，一旦建成，只能在内部搞搞装修，无法从结构上进行改建，房子的形态还是保持不变。未来，我们希望房子就像乐高积木一样用拼装的方式搭建，既能够快速组建起来，又能很容易地再次拆建。

建筑业如今的一大变革是装配式建筑越来越普遍，由预制部品/部件在工地装配而成的建筑，就像乐高积木一样，根据需要灵活组合，不再是一成不变。这种思路迁移到通信网络会怎样？

答案是，5G 网络也可以进行灵活组合。可以针对各行各业多样化的业务特点，将网络像积木一样搭建部署，在网络上能够快速承载起新业务，满足人们对数据服务的多元化需求。

"网络切片"技术正是由此而来。网络切片是一种按需组网的方式，通信运营商在统一的基础设施上，"切"出多个虚拟的端到端网络，就是通俗意义的"切片"。

一个理想的网络切片要满足 3 个方面的要求。

- 端到端完整。每个网络切片都包括无线接入网、承载网和核心网 3 部分切片，能够适用于不同的业务。

- 隔离性要好。切片之间要具备安全隔离、资源隔离和维护隔离，一个切片出现异常不会影响其他切片正常运行。

- 能按需定制。根据不同业务的需要，可以灵活提供不同的网络容量、生命周期和分布式部署。

想象一下，将一份三明治切成几块，每块从上至下要包括面包层、酱料层、鸡蛋层和蔬菜层等，保证每块都食材全面，而且彼此完全切割开来以供不同的朋友单独享用。完美的"网络切片"理念正是如此，如图 1-3 所示。

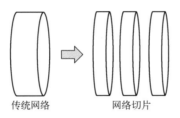

图 1-3　5G 网络切片

5G 三大"切片"：高速率、低时延、多连接

"切片"就像切香肠、切面包，根据自己的"口味"决定切法。对于通信网络而言，是基于不同应用场景对网络的需要来决定"切法"。

为什么 4G 网络不需要"切片"？因为 4G 主要服务于个人，通过智能手机实现连接，不需要面对不同的场景。5G 与 4G 的区别在于：5G 服务于万物互联，需要大量连接不同的设备入网。这些设备来自于不同的应用场景，比如交通、家居、工厂、商店、学校以及野外等，每个场景对网络性能的要求都不同，自然需要 5G 为之提供相应的服务。

虽然细分出来的服务场景可能有成千上万之多，但从对网络需求的角度来总结，5G最主要的应用场景有3个：移动宽带、大规模物联网和关键任务型物联网。这三大场景适用于不同的业务种类，对网络的要求也各有侧重。

国际电信联盟（ITU）将 5G 的三大应用场景做了官方表述：增强型移动宽带（eMBB）、海量机器类通信（mMTC）及高可靠和低时延通信（URLLC），如图 1-4 所示。

图 1-4　ITU 定义的 5G 三大应用场景

- 增强型移动宽带（eMBB）：指在现有移动宽带业务场景的基础上，对于用户体验等性能的进一步提升。场景主要提升以"人"为中心的娱乐、社交等个人消费业务的通信体验，适用于高速率、大带宽的移动宽带业务。例如，3D 超高清视频远程呈现、可感知的互联网、超高清视频流传输、高要求的赛场环境以及虚拟现实领域等。eMBB 在网络速率上的提升为用户带来了更好的应用体验，满足了人们对超大流量、高速传输的极致需求。2016 年 11 月 17 日，在 3GPP RAN 187 次会议的5G 短码方案讨论中，华为技术有限公司（以下简称华为）主推的 Polar Code（极化码）方案成为 5G 控制信道 eMBB 场景编码最终方案。

- 海量机器类通信（mMTC）：每平方千米可支持连接 100 万台设备，主要面向大规模物联网业务，以传感和数据采集为目标的应用场景，是实现万物互联必不可少的技术基础。在未来，我们生活中的基础设施和各类物品，如路灯、水表、垃圾桶、路上行走的汽车、家中安装的家具以及工厂出产的商品等，都会被 5G 连接起来，这种物物相连将扩展至各行业用户，M2M 终端数量将大幅增加，物联网连接数规模将近十万亿，应用无所不在，前景十分广阔。

- 高可靠和低时延通信（URLLC）：基于其高可靠和低时延的特点，主要面向垂直行业的特殊应用需求，比如无人驾驶、智慧工厂以及远程医疗等需要低时延、高可靠连接的业务，这些场景对高稳定、低延迟的要求极为苛刻，即使是我们感觉不出来的延迟情况，在这些场景下也可能会造成"失之毫厘，谬以千里"的后果。比如在智慧工厂中，由于每台机器都安装了传感器，通过传感器将信息传输到后台，再由后台下指令给传感器，这些过程都需要低延迟的传输，否则可能会出现安全事故。

5G 三大应用场景将会衍生出众多垂直应用场景，VR/AR、智能交通、远程医疗、智慧电力以及智能工厂等创新应用，都将以此为基础而产生。

每个网络切片都会满足不同的场景和行业特定需求，网络本身不再是简单的通信管道，而成了一种针对性的服务，也就是网络切片即服务（NSaaS）模式。网络切片技术将会创造出新的商业模式和商业生态。

融合创新：5G+ ABC 一起闯天涯

技术创新会带来产业变革，但仅仅靠一项技术无法掀起足够大的浪花，更无法撼动既有的产业格局。只有多项新技术的融合才会产生超出我们想象的化学反应，共同推动一次伟大的时代变革。

历史上每一次工业革命的爆发背后都离不开一系列重要新技术的集体涌现。蒸汽机是第一次工业革命的关键技术创新成果，但只有伴随着精密机械零件和改良过的冶金术等技术的突破，才引发了随后铁路和交通的产业变革。

20 世纪后半段，半导体、集成电路、计算机、软件、计算机网络和手机等技术共同作用带来了延续至今的信息产业革命。近年来，人工智能技术明显受到了前所未有的重视，这其中正是源自于包括感知技术（如语音识别、计算机视觉、VR/AR 等）和认知技术（如自然语言处理、知识图谱、用户理解等）在内的多个相关领域技术突破。

当我们提到"5G 时代"的时候，其实并不是只谈 5G 技术，更多的是 5G 与其他新技术的结合，特别是与人工智能、大数据和云计算等技术的结合，共同构成了"5G+ABC"的概念，才会催生出本书接下来要介绍的众多颠覆场景。5G 确保了各种技术所驱动的应用能够有机、高效地整合在一起，发挥更加完整且智能化的作用。

5G 并不独行，它需要"朋友们"的鼎力相助，技术变革发展趋势如图 1-5 所示。

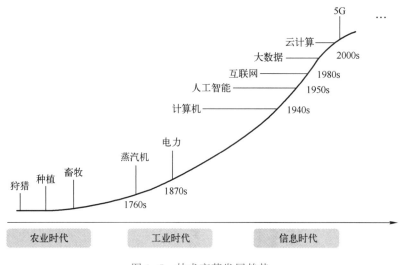

图 1-5　技术变革发展趋势

AI 走来，联手 5G

也许在几年前，当有人谈到"人工智能"的时候，大多数人并没有很强烈的感受，毕竟这不是一个在日常生活中会经常用到的词语。但一切在 2016 年 3 月发生了改变。

2016 年 3 月 9 日，世人瞩目的围棋"人机大战"首局在韩国首尔四季酒店打响。由世界冠军李世石对阵谷歌公司的机器人 AlphaGo。结果，赛前被普遍看好的李世石，因为自己的一个失误葬送好局，输掉了第一盘。随后，AlphaGo 又连下两城，以总比分 3:0 领先。最终，AlphaGo 以总比分 4:1 大胜人类选手李世石，这场全球瞩目的人机大战以机器人大胜告终。

从那时开始，"人工智能"的概念席卷了全世界，在科技、传媒乃至各行各业掀起了一股人工智能热潮。随后一年，"人机大战"2.0 又开始了，这次是升级后的阿尔法围棋挑战世界排名第一的围棋世界冠军、中国棋手柯洁，双方进行了三番棋大战。这一次，大家似乎更看好这个具有强大的计算能力，并且又毫无人类情绪化冲动的机器人能获取胜利。结果不出所料，机器人最终以 3:0 取得胜利。

"人机大战"使得原本隐藏在实验室里面、非常神秘的人工智能技术开始走进公众视野，成为大家茶余饭后的谈资，更成为当前最为热门的科技词语。

1956 年，麦卡锡、香农等 10 位年轻学者在达特茅斯夏季人工智能研究会议上首次提出人工智能（Artificial Intelligence，AI）的概念。这一年被视为 AI 的元年。

早期人工智能技术的研究思路还停留在根据既定的程序执行计算任务的阶段，但后来人们发现，想要穷尽所有可能的情况并转化为程序是不可能的，只有让机器学会不断去感知、模拟人类的思维过程，逐渐达到甚至超过人类，才是真正意义上的人工智能。

毕竟，我们每个人在学校时候，都会被老师教导要学会"举一反三"，而不是"死记硬背"，掌握学习方法比背诵标准答案更重要。人类智能亦如此，机器要想变得更接近人类，当然也要掌握自我学习的能力。

2006 年加拿大教授 Hinton 提出的深度学习的概念极大地发展了人工神经网络算法，提高了机器自我学习的能力。深度学习开始成为人工智能最重要的驱动力。

2010 年后，随着语音识别、计算机视觉等技术相继取得重大进展，围绕语音、图像等人工智能技术的创业大量涌现，人工智能开始渗透和影响各行各业。

5G 搭台，数据唱戏

曾经的一本畅销书《大数据时代》让大数据这个概念变得家喻户晓，人们逐渐开始重视数据在信息经济和数字化时代的重要基础作用。甚至认为未来的时代将不是 IT 时代，而是 DT（Data Technology，DT）时代，即数据技术时代。

大数据与传统数据的不同之处在于数据的规模空前庞大、数据的维度十分复杂和数据的来源非常广泛。自然，数据产生的威力也十分巨大。数据是未来企业竞争的核心要素之一，是一种战略性资源，也是推动所有企业实现转型升级的基础。

李开复曾经这样解释过人工智能：深度学习+大数据 = 人工智能。现在的人工智能技术以深度学习为代表，深度学习最终的目的是训练出一个有效的模型，用来解决各类场景问题。如同学生培养解题能力一样，学生需要不断地做各种类型的题目，当数量足够多时，就会形成一个行之有效的解题模型。

训练深度学习模型的基础是不断"喂"海量的数据。数据"喂"得足够多、"喂"得足够快，模型就练得更好、更强大。所以说，大数据是人工智能的关键要素之一。

怎样才能让大数据更好地服务于人工智能的模型训练呢？一是确保足够庞大的数据量，二是数以亿计的设备连接。4G 无法满足需求，但 5G 可以做到。

5G 就是新一代信息高速公路，它提供了最快的车速、充足的车道，将海量数据和信息及时传递到目的地——人工智能的云端大脑，帮助其完成自我学习和进化，使其变得更接近"人类智能"，变得可以思考问题和控制行动，以帮助人类完成各类工作。

可以想象，5G 网络全面建设成后，就如同一个四通八达的高速公路网络，触角可以伸向所有可以产生数据的地方，就像城市里络绎不绝的车流一样，每时每刻都在高效传输海量数据信息，加之人工智能强大的算法和算力，将为车联网、工业互联网以及智慧城市等应用带来强大的能力保证。

工业时代的核心竞争力是生产能力，信息时代的核心竞争力是计算能力。计算能力取决于三要素：算法、算力和算料。"ABC 三兄弟"恰好满足了这些要求，AI 提供算法、云计算提供算力、大数据提供算料。5G 就是维持计算工作的"搬运工"，将算料搬运到具备算法和算力的地方。5G 与 ABC 的关系如图 1-6 所示。

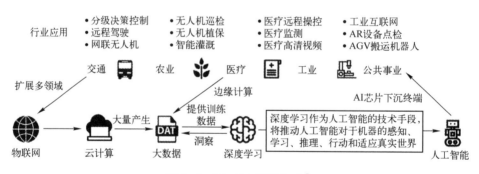

图 1-6 5G+ABC 新兴技术[⊖]

5G 串联，云边结合

无论一个国家还是企业，做决策离不开两种主要模式：

- 集中式决策：所有信息汇总至最高指挥部，作为组织的大脑，指挥部根据各地的情报信息思考和决策下一步的行动。

⊖ 《中国 5G 产业发展与投资报告》，投中研究院。

- 分散式决策：很多信息由分散在各地的基层指挥人员直接处理，并不需要层层汇总到最高的指挥部，这样节省了时间，减轻了中央的工作压力，提高了效率。

通过修建 5G 高速网络，将分散在各行各业的所有硬件设备都连上网，这些设备每时每刻产生海量的数据。那么接下来的问题是，这些数据该在哪里进行处理？由此产生两种技术，分别是云计算和边缘计算。

云计算的概念早已有之，事实上，我们每天用的互联网产品，都可以算是云计算的一种形式。比如打开百度搜索引擎，当你输入一行关键字并单击回车键后，是百度后端的服务器在辛苦的工作，为你寻找一切有关的词条链接。这些工作并没有发生在你的计算机或者手机上，而是"远在天边"，就像天上的云彩一样。

我们为了使用方便，会下载专用的 App，因为这样运算速度会更快。但在未来，我们的手机终端也许就只剩下一块电子屏幕了，屏幕上的操作都可以借助 5G 传递到云端处理器，再将处理后的数据返回屏幕终端，强大的云计算能力和 5G 的高速连接让我们感觉不到云端的计算有什么延迟问题。

5G 对未来社会的一大变革正在于此，云端即终端。

但一项技术要想大规模商用，除了技术本身以外，还需要考虑成本问题。特别是对于人工智能而言，处理海量数据的成本非常高，高到我们无法把所有数据都汇总在云端集中处理。那么，为什么不用逆向思维来考虑，将数据放在终端设备上处理呢？

相比集中式的云计算技术，分散式处理的边缘计算技术正在成为重要的辅助力量。边缘指的是分散的设备终端，相对集中的云端而言，边缘的终端最靠近数据源，用来处理数据的好处显而易见。

- 不需要长距离传递数据，因而没有延迟问题，响应更快。
- 减少了传递过程中的损耗，数据可靠性更高。
- 能够更好地保护数据安全，特别是用户的隐私。
- 能够记住用户的使用习惯，实现个性化定制服务。

当然，云计算和边缘计算并不是竞争关系，边缘计算不会取代云计算，它们在人工智能的计算中各有分工侧重，又彼此协同配合，在这过程中，最重要的媒介就是 5G 网络。

云边结合,意味着云端负责处理海量数据和复杂的计算,同时将结果反馈给终端,帮助终端面向用户提供更准确的服务。终端在用户需求上以最快速度响应,并通过软硬件结合进行个性场景的处理,减轻云端的负担。

5G 是两者来往交互的媒介渠道,因为 5G 有高速率、大容量以及低时延的特性,可以将云端和终端串联,形成"云端-5G-终端"的系统平台,为人工智能技术对行业的应用保驾护航,如图 1-7 所示。

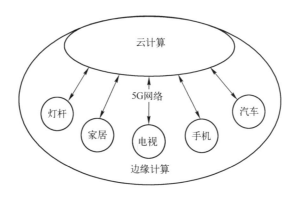

图 1-7　云边结合

人工智能(AI)是研究开发能够模拟、延伸和扩展人类智能的理论、方法、技术及应用系统的一门新的技术科学,研究目的是促使智能机器会听(如语音识别、机器翻译等)、会看(如图像识别、文字识别等)、会说(如语音合成、人机对话等)、会思考(如人机对弈、定理证明等)、会学习(如机器学习、知识表示等)以及会行动(如机器人、自动驾驶汽车等)。

大数据(Big Data)是指无法在一定时间范围内用常规软件工具进行捕捉、管理和处理的数据集合,是需要新的处理模式才能具有更强的决策力、洞察力和流程优化能力的海量、高增长率和多样化的信息资产。大数据不是用随机分析法(抽样调查)这样的捷径,而是对所有数据进行分析处理。大数据有 5 V 特点(IBM 提出):Volume(大量)、Velocity(高速)、Variety(多样)、Value(低价值密度)和 Veracity(真实性)。

云计算(Cloud Computing)是分布式计算的一种,指的是通过网络"云"将巨大的数据计算处理程序分解成无数个小程序,然后,通过多部服务器组成的系统处理和分析这些小程序,得到结果并返回给用户。简单地说,云计算早期就是简单的分布式计算,主要用来解决任务分发问题，并进行计算结果的合并。因而，云计算又称为网格计算。通过这项技术，可以在很短的时间内（几秒钟）完成对数以万计数据的处理，从而达到强大的网络服务。

万物互联：5G 带给我们的技术启蒙

从 2018 年开始，5G 逐渐成为社会的"热词"，话题度一直居高不下。作为全球科技产业竞争的制高点，有关 5G 的任何进展都会引发全社会的大讨论，牵动着产业界的神经。

5G 到底给我们带来了什么变化？

作为一种最新的通信技术，5G 的直接作用体现在连接上，连接的对象包括人和物。当然，4G 也是连接，但 4G 的连接主要体现在人与人的交互中，比如视频、语音等信息的传送。如果仍旧停留在人-人交互，那么 4G 完全可以满足我们的需要。

假如我要在线看一部电影，4G 可能要花三五分钟进行缓冲，而 5G 只需要十几秒，毕竟 5G 的速率要远高于 4G。可试想，大家会为了节省这几分钟时间，去花钱买一部 5G 手机吗？未必。

如果只限于人-人交互，那么 5G 并不能轻易地替代 4G，更不可能让用户为其买单。5G 应用还有物-物相连的场景，在交通、工业、医疗以及金融等多个行业，对信息高速率和低时延的要求远远高于我们对普通通信的要求，比如自动驾驶车辆，在高速行驶中，必须保证足够低的时延，才能做到安全可靠。否则就算只有一两秒钟的延缓，也会酿成大祸。

早在 2008 年，国际商业机器公司（以下简称 IBM）就提出了"智慧地球"的理念，随着物联网概念的普及，人们开始畅想"万物互联"的新场景。全球有 70 亿人口，人人互联的规模存在一个上限。但说到万物互联，相比起来将是几百、几千，甚至几万倍的连接规模，4G 与之相比，完全不在一个数量级。小到衣物、鞋帽，大到汽车、工厂，所有生产和生活设施都能够联网在线，产生的数据实时传递，每一台硬件都是一个智能设施，可以实现感知、通信甚至计算功能，整座城市都可以放在"云"端，让世间万物充满"智能"。

这其中非常重要的一环，就是数据传递环节，也就是需要一张高速的网络覆盖到一切物体，使彼此实现互联。4G 的速率达不到，因此过去几年，万物互联只能体现在概念层面。到了 5G 时代，速率已经不是问题，"万物互联"近在眼前 5G 典型行业应用如图 1-8 所示。

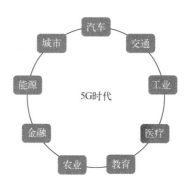

图 1-8　5G 典型行业应用

"4G 改变生活，5G 改变社会"。由于 5G 具备多连接、低时延、高速率以及广覆盖等特性，其已经成为各行各业面向数字化转型的关键技术。

如前所述，5G 是人工智能、大数据、云计算以及虚拟现实等技术落地的核心基础设施。一方面，面向个人用户，5G 可以为用户提供超高清视频、浸入式游戏等全新娱乐体验，让社交产品能够全面升级换代，开创新的市场空间；另一方面，面向企业客户，5G 通过实现海量机器和硬件的联网，可以支持智慧城市、智能交通、智慧能源、智慧医疗以及智慧教育等行业应用场景的进一步落地，推动全社会的数字化转型。

伴随着 5G 技术的发展，全社会对 5G 的关注度在不断提升。实际上，相比以往关于 3G、4G 的讨论更多还停留在行业内，5G 早已超出了通信行业的范围，各行各业的人士都开始关注如何应对这一次技术变革带来的机遇和挑战，如何借助 5G 的东风实现自身的转型，开辟新的市场。

5G，让全社会完成了一次技术"启蒙运动"！

第 2 章

———

5G+产业：大国崛起的倍增器

认　识　5G+

全球竞争：谁都想当 5G 领跑者

5G 对产业的带动作用巨大，谁赢得 5G 时代的主导权，随之而来的必然是数字经济的高速增长以及国际竞争力的大幅提升。5G 成为世界各国技术竞赛的重要方向，各国推出的数字经济战略均将 5G 作为优先发展的领域，制定了加快研发 5G 相关技术、提前部署 5G 网络、普及 5G 应用，让 5G 技术尽早融入企业经营，带动产业升级的方案。

一场多国参加的 5G 竞赛已悄然开始。

欧盟：作为全球最大的经济体之一，欧盟于 2016 年 7 月发布了《欧盟 5G 宣言——促进欧洲及时部署第五代移动通信网络》，将发展 5G 作为构建"单一数字市场"的关键举措，旨在使欧洲在 5G 网络的商用部署方面领先全球。2016 年 11 月，欧盟发布了欧洲 5G 频谱战略。2017 年 12 月，欧盟确立了 5G 发展路线图，该路线图列出了主要活动及其时间框架。通过路线图，欧盟就协调 5G 频谱的技术使用和目的以及向电信运营商分配的计划达成了一致。2020 年，欧盟各成员国将至少选择一个城市提供 5G 服务。到 2025 年，各成员国将在城区和主要公路、铁路沿线提供 5G 服务。

英国：2012 年建立了 5G 创新中心（5GIC）。2017 年 3 月，英国政府发布了《下一代移动技术：英国 5G 战略》，从应用示范、监管转型、频谱规划、技术标准和安全等方面推进 5G 发展举措，目的是尽早发挥 5G 的技术优势，为英国争取未来数字经济的全球领先地位。

韩国：2018 平昌冬季奥运会上实现了 5G 首秀，由韩国电信运营商 KT 联手爱立信（基站设备）、三星（终端设备）、思科系统公司（以下简称思科）（数据设备）、英特尔（芯片）以及高通（芯片）等产业链各环节公司全程提供的 5G 网络服务，成为全球首个大范围的 5G 准商用服务。2019 年 4 月，韩国科学技术信息通信部联合 10 个政府部门召开了韩国 5G 技术协调会（Korean 5G Tech-Concert），发表了韩国 5G+战略。其中聚焦五项核心服务（沉浸式内容、智慧工厂、无人驾驶汽车、智慧城市、数字健康）和十大产业（新一代智能手机、网络设备、边缘计算、信息安全、车辆通信技术（V2X）、机器人、无人机、智能型闭路监控、可穿戴式硬件设备、AR/VR 设备），目标是在 2026 年之前创造 60 万个工作岗位、180 万亿韩元生产总值、出口额达 730 亿美元。

日本：把 5G 定位为"构成经济社会与国民生活根基的信息通信基础设施"，并将 5G 作为国家战略推进。计划将东京奥运会打造成 5G 的重要应用盛典，日本三大移动运营商 NTT DoCoMo、SoftBank 和 KDDI 计划于 2020 年在东京都中心城区等区域率先提供 5G 服务，并用此后的 3 年时间将 5G 商业利用范围逐步推广至日本全境。

德国：2016 年秋启动了"德国 5G 网络倡议"，首次提出了一系列快速完善 5G 基础设施的措施。2017 年 7 月，德国联邦交通和数字基础设施部发布了《德国 5G 战略》，强调要全面优化德国现有实验场的基础设施条件，优化数字化基础设施条件，目标是使德国达到 5G 网络及应用的世界领先水平。

其他地区，如北欧五国（瑞典、挪威、丹麦、芬兰和冰岛）联合发布了 5G 合作宣言，确定在信息通信领域加强合作，推动北欧五国成为世界上第一个 5G 互联地区。法国电信监管机构 Arcep 公布了 5G 路线图。

最后，作为当前整个信息通信产业实力最强的国家之一，美国自然也非常重视 5G 技术的发展。2016 年，美国对 5G 网络的无线电频率进行了分配，向电信公司提供了资助，在 4 座城市进行了 5G 的先期试验。2018 年 3 月，美国政府正式签署 5G 法案，加快了美国 5G 网络的建设进程。

2018 年 8 月，美国联邦通信委员会（FCC）发布 5G 推进计划，内容包括为 5G 和 Wi-Fi 添加额外的无线电频谱；FCC 级别的基础设施政策改进，制定 5G 新规，严格规定各州政府处理相关业务的时限及收费标准；更新联邦法规，共同减轻公司对 5G 技术的投资等。

2019 年美国联邦通信委员会（FCC）加快了部署 5G 网络的步伐，允许运营商竞标 3400 MHz 的新频段，频率分别为 37 GHz、39 GHz 和 47 GHz。不仅是拍卖频谱，FCC 还要斥资超过 204 亿美元成立基金，专门为偏远地区的家庭和小型企业建立互联网网络。

与此同时，美国最大的电信运营商之一 Verizon 已经开始在明尼阿波利斯和芝加哥建立了 5G 网络。另一家老牌电信运营商 AT&T 也紧随其后，在包括奥斯汀、洛杉矶、纳什维尔、奥兰多、圣地亚哥、旧金山和圣何塞等 19 个地区建立了 5G 网络。

中国从 3G 时代开始，就在有条不紊地布局，也正是这种前瞻性的眼光与配套的政策扶持，让中国在通信领域从以往的跟随，渐渐成为领跑者之一。

- 2013 年 2 月，率先成立 IMT-2020（5G）推进组，从多个方面定义了 5G 概念、技术路线，完成 5G 的愿景与需求研究，并发布了《5G 无线技术架构》和《5G 网络技术架构》等白皮书。

- 2013 年 10 月，IMT-2020（5G）推进组与欧盟 5G PPP、日本 5G MF、韩国 5G 论坛和美国 5G Americas 签署五方合作备忘录。

- 2016~2017 年，先后启动 5G 技术三阶段的测试。

- 2018 年 12 月，国内三家电信运营商 5G 频谱分配方案完成。

- 2019 年 6 月，中华人民共和国工业和信息化部（以下简称工信部）正式向中国电信集团有限公司（以下简称中国电信）、中国移动、中国联合网络通信集团有限公司（以下简称中国联通）和中国广播电视网络有限公司（以下简称中国广电）四家运营商发放 5G 商用牌照，中国正式进入 5G 商用时代。

- 2020 年 3 月，中国共产党中央政治局常务委员会（以下简称中共中央政治局常务委员会）召开会议，提出要加快 5G 网络、数据中心等新型基础设施建设进度。以 5G 为代表的"新基建"成了拉动中国经济增长、引领产业升级的新引擎。

通信始终是国家安全战略的重要组成部分，是基础行业，无论技术投入、标准制定还是产业推广，都受到国家政策和政府支持的影响。所以说，每一次通信技术的升级换代，背后反映的都是国家的财政实力、战略考量和整个经济的支撑力度。

通信的竞争，就是国家的竞争。其中，最关键的是通信技术的竞争，这是一场彻彻底底的硬核仗。技术的及早投入和布局至关重要，这其中各家拥有的通信技术的专利数量就成了非常直观的衡量指标。

截至 2019 年 9 月，在 5G 关键技术领域，全球范围内已经公开的专利申请总量为 71244 项。其中，中国提交的申请为 19334 项；美国提交的专利申请为 23949 项。中国和美国成为全球 5G 专利申请的聚集地。

其中的标准必要专利（SEP）是在全球范围内推进 5G 网络部署的前提和基础，具有非常大的战略和市场价值，成为中国、美国、欧洲和日韩等国家和地区竞争的主要领域。近年来，与 5G 相关的 SEP（5G SEP）专利数量急剧增加，中国的总体专利数量已经明显领先其他国家和地区，其中包括了华为、中兴通讯股份有限公司（以下简称中兴）、大唐电信科技股份有限公司（以下简称大唐电信）和 OPPO 广东移动通信有限公司（以下简称 OPPO）4 家公司，占 5G SEP 总量的 35.51%。第二名是欧洲地区，主要包括芬兰的诺基亚、瑞典的爱立信、英国的 Innovative Technology 和意大利的 Sisvel 等公司，占 5G SEP 总量的 23.1%；紧接着有韩国、美国和日本。

标准必要专利（Standards-Essential Patents，SEP）指包含在国际标准、国家标准和行业标准中，且在实施标准时必须使用的专利，也就是无论如何都绕不开的专利，是专利中的"战斗机"。拥有此类专利的公司可以收取专利费，也能交叉授权。

2019 年，德国专利数据公司 IPlytics 发布了一份 5G 专利报告《Who is leading the 5G patent race?》，报告显示，截至 2019 年 4 月，全球 5G SEP 已达 6 万多件。目前拥有 SEP 专利族数量全球排名前 10 的企业分别是：华为（中国）、诺基亚（芬兰）、三星（韩国）、LG 集团（以下简称 LG）（韩国）、中兴（中国）、美国高通公司（以下简称高通）（美国）、爱立信（瑞典）、英特尔公司（以下简称英特尔）（美国）、中国电信科学技术研究院（中国）、夏普公司（以下简称夏普）（日本）。

纵观全球，中国的通信企业（特别是运营商）与政府的关系十分密切，在政策落地、频谱分配和利益的协调方面，比美国同行有明显的先天优势。这种体制优势更适合上下拧成一股绳，帮助 5G 产业整体向前加快推进。

事实上，5G 的商用刚刚开始，现在说谁赢谁输为时尚早。相比国家之间的战略竞争，

5G 时代更为重要的是产业生态中各家企业的发展战略。你来我往，合纵连横，其中争夺最激烈的领域，一个是标准，一个是芯片。

规则当先：得标准者得天下

为什么通信产业需要国际标准？

通信标准就像人类的语言，虽然世界上的语言有很多种，但我们依然能够无障碍交流，因为我懂你的语言，你懂我的语言，我们可以兼容。如果语言彼此不通，人们之间就无法交流。

通信是人类交流的一种延伸，从电话诞生之日起，就存在一个通话双方"兼容"的问题。这里的兼容不仅仅是通话人的语言，而且还包括通信信号。

1G 时代，摩托罗拉和爱立信两家通信企业就是"语言不通"，因为它们彼此的通信系统互不兼容，导致无法进行电话沟通。原因就是两家通信企业各自选择了不同的频段，自然无法互通。

电磁波的频率是一种客观存在的自然资源，超越了国家主权的管理范围，如果任何国家不和其他国家商量，自行占用频段，就会造成彼此频段不同，无法沟通的混乱局面。

鸡同鸭讲，只能导致各自都在自己的小圈子里自娱自乐，无法形成更大的通信网络，通信产业自然不可能走向全球化。久而久之，企业也发现了这个弊端，因为产业发育不成熟，受害的最终是自己。

于是，大家开始呼吁要统一语言，做到兼容。通信标准就此诞生了。

前面提到过，2G 时代有两个主流标准，欧洲的通信巨头报团研究出一种移动通信技术标准，这就是全球移动通信系统（Global System for Mobile Communications，GSM）。美国推出了另一个通信标准 CDMA（码分多址技术）。

通信标准虽然是技术研究范畴，但背后是国家利益的争夺。2G 开始，这种激烈的竞争已经逐渐显现。

为了能够让大家都和和气气地坐在一起好好商量，就需要有一个中立的国际组织来专门组织标准制定工作。1998 年 12 月，成立了 3GPP 这个机构。一开始成立 3GPP 是从技术角度出发，为了保障从 2G 网络到 3G 网络的平滑过渡，保证未来技术的后向兼容性，支持轻松建网及系统间的漫游和兼容性。

随着组织的发展，关于未来通信标准的制定都需要通过 3GPP 所有成员的确认，再通过国际电信联盟（ITU）确认后，各个国家才能按照标准要求实施。

通信标准为什么重要？因为标准就是游戏规则，制定规则的人才是最大赢家。"一流企业定标准、二流企业做品牌、三流企业做产品"就是这个道理。

一套通信技术标准，包括其中的各项专利权以及按照这个标准建设的通信设施，都需要支付专利费，这是一笔庞大的收益。因此，像华为、爱立信这些国际通信设备巨头，非常积极参与通信标准的制定，同时也具有很强的话语权。毕竟一旦标准确定之后，主导这个标准的设备生产商就能够获得最多的利益。

通俗地讲，通信标准就好比是一个全球通信公司共同写的合作章程，各个公司都提出了自己的意见，希望加到最后的章程中。结果肯定是有的公司意见被采纳得多，有的会少一些。意见被采纳最多的公司将来收益也最多，所以大家都在争着尽可能让自己的意志多体现出来。

5G 标准分为控制信道编码和数据信道编码，每个编码又有长码和短码之分，分布在三个场景：eMBB（增强型移动宽带）、URLLC（高可靠和低时延通信）和 mMTC（海量机器类通信）。

目前可供 5G 选择的编码方案只有 3 种。

- 美国高通为首主推的 LDPC 技术。
- 中国华为为首主推的 Polar 技术。
- 欧洲法国企业为首主推的 Turbo。

目前，3GPP 一直在组织制定 eMBB 的标准，后续还要推出 URLLC 和 mMTC 的标准。5G 技术标准分类见表 2-1。

表 2-1　5G 技术标准分类

信　　道	长短码	eMBB	mMTC	URLLC
控制信道编码	长码方案		待定	待定
	短码方案	Polar	待定	待定

（续）

信　　道	长短码	eMBB	mMTC	URLLC
数据信道编码	长码方案	LDPC	待定	待定
	短码方案	LDPC	待定	待定

2017 年初，全球领先的 3G 技术规范机构 3GPP SA WG1 召开会议，完成了 3GPP 首个 5G 规范标准《第五代移动通信系统的业务需求》。该规范包含了 5G 性能目标和基本功能的要求：5G 应支持固定、移动、无线和卫星接入技术；5G 应是一个可扩展的、可定制的网络，可以根据需求为多类服务及垂直市场定制（如网络分层、网络功能虚拟化等）；5G 应面向从低数据物联网业务及高比特率多媒体业务提供高的资源利用效率；能源效率和电池的功率优化；5G 应为第三方 ISP 以及 ICP 开放能力，比如能够让它们管理网片切片，并在移动通信运营商的业务托管环境中部署各种应用；5G 应能支持通过中继 UE（用户终端）把远端 UE 连接至 5G 网络，并应能保持直接连接和间接连接的连续性。

芯芯相争：巨头们"硬碰硬"

芯片是内含集成电路的半导体基片，是集成电路的物理载体。没有了它，手机、计算机、数控设备，甚至汽车系统都会统统"失灵"，根本无法使用。所以说，芯片是现代科技发展的基石。

美国在这一领域长期处于领先地位。世界各国都要从美国进口高端芯片，价格自然不菲。正因为芯片如此重要，美国对某些高端芯片的出口进行了管制。

掌握自主可控的芯片技术是各国科技竞争的关键之一。由于 5G 对国家的科技和经济的推动作用非常巨大，而短期内，5G 落地的主要载体仍然是智能手机。作为智能手机的核心部件，5G 通信芯片就成了各国高科技巨头竞争的重要领域。

我们所说的 5G 通信芯片，并不是简单的一种芯片产品，5G 通信技术是包含了计算、存储和传输一体的综合技术体系，其中各类通信基站、终端和相关很多设备都需要不同的 5G 芯片，所以，5G 芯片包含众多品种。而我们常说的 5G 芯片，往往指的是智能手机芯片，包括计算、基带和存储芯片。

一直以来，在智能手机芯片领域，美国都处于领先地位。高通、英特尔和苹果，是这一领域最优秀的代表，领军者就是高通。

高通，通信行业的隐形霸主，它从来不会冲在市场的最前线，但手机厂商谁都离不开它，甚至你我每购买一部手机，都要付钱给它。高通巧妙地将通信标准和手机芯片融合在一起，制造出一个小而美，功能强大的通信芯片，让手机厂商心甘情愿掏钱购买。事实上，高通不仅仅是一家芯片公司，可以说是 3G 时代的奠基者，它持有众多的 3G 技术专利，这个世界上，只要是 3G 或者 4G 手机，无论是哪家公司出产，都需要向高通缴纳专利费，费用是每部手机批发价的 5%，卖得越多，专利费交得越多。

但也因为高通的垄断地位和高额的专利费，多个国家都曾发起对高通的反垄断调查。2013 年，中国启动对高通的反垄断调查。2015 年，中华人民共和国国家发展和改革委员会（以下简称国家发改委）公布调查结果，对高通处以 60.88 亿人民币的罚款，是《中华人民共和国反垄断法》实施以来单笔罚款的最高纪录。

到了 5G 时代，华为凭借自己积累多年的技术能力以及在标准制定领域占得的先机，开始迎头赶上。在 5G 领域，华为已经拥有一定的技术话语权，而且持有相当多的专利。同时，华为还拥有自己的智能手机产业。2019 年 1 月，华为发布了自己的 5G 多模终端芯片巴龙 5000，作为中国科研能力最强的企业之一，华为手机搭配自研的巴龙 5000，在商用上能够占得先机。与此同时，像中国台湾联发科技股份有限公司（以下简称联发科）、北京紫光展锐科技有限公司（以下简称紫光展锐）的实力也不遑多让，5G 的竞争正呈现多元化趋势。

全球著名的芯片公司有以下几个。

- 英特尔：美国，创于 1968 年，IT 产业影响力品牌，全球知名的芯片供应商之一，世界 500 强，微处理器、芯片组、板卡、系统及软件的科技巨擘。
- 三星：韩国，创于 1938 年，世界 500 强企业，旗下有三星电子、三星物产、三星航空以及三星人寿保险等子公司，涉及电子、金融、机械及化学等众多领域的大型跨国公司。
- 高通：美国，创于 1985 年，在 CDMA 技术方面处于领先地位，专注于 3G 芯片组、系统软件以及开发工具和产品的综合型国际企业。

- NVIDIA 公司（以下简称英伟达）：美国，创于 1993 年，全球视觉计算技术的行业领袖及 GPU（图形处理器）的发明者和领导者，以设计智核芯片组为主、3D 眼镜等为辅的科技企业。
- 美国超微半导体公司（以下简称 AMD）：美国，创于 1969 年，2006 年收购芯片巨头 ATI 公司，2010 年正式弃用 ATI 标志，专门为计算机、通信及消费电子行业设计和制造各种创新微处理器、闪存和低功率处理器的综合性企业。

摩登时代：引领第四次工业革命

我们当今的生活场景，基本上可以认为是一次次工业革命给塑造出来的。至今，我们每天都在享用着工业革命带来的成果。工业革命，让几千年的人类历史翻开了新的一页。

第一次工业革命源起于 18 世纪，标志性的发明是蒸汽机，蒸汽动力代替了手工劳作，我们进入到了机器大生产阶段，生产率直线上升，人类从此告别了物质匮乏的时代，进入到了大规模生产工业品和消费品时期。伴随着近代工厂的出现，产业工人也成为一个全新的职业。

第二次工业革命发生于 19 世纪后半叶，电力替代了蒸汽动力，人类运用能源的效率又向前迈了一大步，走入"电力时代"。汽车产业是这一时期最重要的新兴产业，福特汽车发明的"流水线"生产方式大幅提高了生产效率，也创造了持续至今的工业生产模式。

第三次工业革命始于二战之后，最主要的特征是信息化和自动化，计算机作为这一时期的标志性发明，将人类社会带入了数字时空中，电子信息技术进一步提高了生产水平，也让工业生产能力彻底超越了人们的消费能力，由此进入了产能相对过剩的"消费社会"。

第四次工业革命，又会是什么样子？四次工业革命如图 2-1 所示。

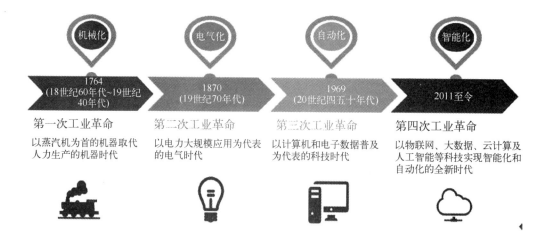

图 2-1 四次工业革命

1926 年，伟大的发明家尼古拉·特斯拉就已经对未来的自动化控制系统有过如此描述：“当无线被完美应用时，我们的地球将会变成一个大脑，事实上就是通过仪器，我们能实现一些惊人的事情，就如同现在我们使用电话一样，比如一个人可以将任何东西放进他的口袋里。”

这是传统自动化生产的高级表现形式，即智能化分析+自动化控制。

第四次工业革命是一场智能化生产的革命，它融合了物理、数字和生物领域的各类最新技术，包括 5G、人工智能、物联网、3D 打印、纳米技术、生物基因技术新材料以及量子计算等多方面的科技成果，将全世界的硬件设备连接入网，让生产控制系统可以处理海量数据、拥有超高知识存储和无限学习能力，进而改变传统的生产模式和组织方式。

第四次工业革命的发展速度、影响范围和变革程度，都远远超过以往三次工业革命。它几乎渗透到所有行业，改变了整个生产和组织系统运行的方式。企业将会大幅降低生产和运输成本，生产效率会有倍增效果。更主要的是，前三次工业革命积累的种种问题，如巨大的能源和资源消耗，环境破坏和生态恶化等会得到很大程度的改善。

第四次工业革命的核心驱动力量是什么？人工智能、大数据、物联网……无论是什么技术，背后的推动力量都来自于对世界范围内海量数据的采集和分析工作，而传输这些数据就离不开 5G。

因此，各国都在加紧发展 5G 技术，铺设 5G 网络，为的就是在即将来临的时代变革中把握住先机。因为，只有 5G 做好了准备，第四次工业革命才会光临。

5G 最大的特点是速率大大高于 4G，接近香农理论的极限，而且在 1 ms 内的低时延特点保障了 5G 可以实现人在远程监控工厂的制造、生产活动，而不需要事必躬亲，这就为实现无人化和自动化的智能工厂打下了基础。工厂智能化的结果必然是劳动生产率的极大提高，创造更多的产品服务，这也让第四次工业革命的爆发成为可能。

历经三次工业革命，伴随通信技术的不断突破，人与人、人与社会甚至人与自然的连接愈发紧密，全球已经成为一个彼此相连的共同体，如同一个具有生命力的人，通信就像血管一样布满全身各个器官和细胞。

5G 将引领一个万物互联的新时代，在第四次工业革命爆发之际，5G 就像水和空气一样不可或缺。

香农是美国数学家、信息论的创始人，在 20 世纪 40 年代初奠定了通信的数字理论基础，为通信信息的研究指明了方向。香农定律认为，可以找到这样一种技术，当数据传输速率不大于某个最大传输的速率时，通过它可以以任意小的错误概率传输信号。同时香农也给出了有噪声信道的最大传输速率与宽带的关系。

大国重器：百年一遇的“超车”机会

近代以来，每隔几十年，就会有一次技术革命爆发，诞生众多新的产业，并带来全球产业格局的重构，从中脱颖而出新的强国，引领之后的时代。

第一次工业革命，英国发明了蒸汽机，率先实现了工业化，当世界其他国家还依靠农耕和手工作坊生产的时候，英国已经可以靠机器完成规模化生产了，成为近代世界的领头羊。

第二次工业革命，美国和德国运用电力和汽车工业实现了产业的升级，在生产效率和经济竞争力上超越了英国，走在了世界的前列。

第三次工业革命是信息技术、新材料以及航空航天各类新技术的综合作用，美国保持住了自己的领导地位，依然是全球科技创新与经济中心。

200 年间，历次工业革命都在改写着全球经济格局，主舞台从欧洲大陆逐渐向美洲大陆迁移。

那么，谁能主导正在发生的"第四次工业革命"？

2008 年全球金融危机爆发，导致欧美发达国家经济遭遇重创，越来越多的人开始重新认识到，工业制造业才是一国强盛的根基，让金融业脱离实体经济而过度膨胀，将会掏空国家的经济基础，造成产业"空心化"。

于是，金融危机之后，各国开始重新重视制造业，并纷纷提出了"再工业化"的国家战略计划。而这一次的"工业化"与以往不同，是充分利用最新科技力量，发展高端制造产业，将传统制造业转型升级，以此拉动国家经济发展。

与此同时，在 5G+ABC 等一系列创新技术的推动下，人类即将迎来第四次工业革命。第四次工业革命立足于用科技和创新的手段将工业发展变得更加绿色和高效，旨在将过去 200 多年三次工业革命带来的一系列问题，如环境污染、能源危机以及生产率停滞等，一一加以修正和改进，重新构建更加健康合理的经济结构。

新时代的工业革命已经不再是简单的工业生产方式的变革，不再是蓝领阶层的专属领域，而是覆盖最新科技成果的创造性成果的集成体，5G 将是这场工业革命的牵引线，5G 技术应用图谱如图 2-2 所示。

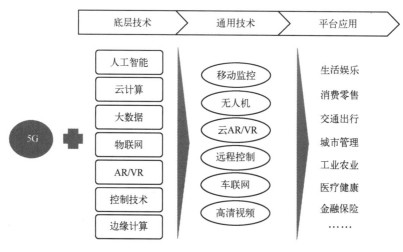

图 2-2　5G 技术应用图谱

作为新一代通信技术，5G 将成为信息产业发展的最大推动力，5G+ABC 等新技术，可以为国家 GDP 高质量增长提供保障，无论从供给侧还是需求侧考虑，5G 都需要国家战略的驱动，也高度符合国家利益。

中国已经成为 5G 标准、技术、产业和应用领域的领先者之一，处于全球 5G 产业第一梯队，特别在核心技术上，华为是全球少数几家拥有 5G 核心技术的公司之一，拥有很强的不可替代性。

在 5G 标准方面，中国的话语权得到了极大的提升，3G 时中国只是参与者，4G 时中国是跟随者，到了 5G 标准制定时候，中国成为重要的发起者和主导者之一，在 5G 概念和网络架构方面提出很多先导性概念。

5G 的关键词如下：

1）1G：第一代移动通信技术，以模拟技术为基础的蜂窝无线电话系统。

2）2G：第二代移动通信技术，以数字语音传输技术为核心，2G 通信标准主要有 GSM 和 CDMA。

- GSM：全球移动通信系统（Global System for Mobile Communications），由欧洲电信标准组织 ETSI 制定的一个数字移动通信标准，曾是 2G 时代应用最为广泛的移动通信标准。

- CDMA：码分多址（Code Division Multiple Access）技术，原理是基于扩频技术，即将需传送的具有一定信号带宽的信息数据用一个带宽远大于信号带宽的高速伪随机码进行调制，使原数据信号的带宽被扩展，再经载波调制并发送出去。相比于 GSM，CDMA 技术标准在美国、韩国、日本等国家得到了普遍应用。

3）3G：第三代移动通信技术，3G 通信标准主要有 WCDMA、CDMA2000 和 TD-SCDMA。

- WCDMA：宽带码分多址（Wideband Code Division Multiple Access）技术，基于 CDMA 技术的实践和应用衍生，由欧洲和日本推动成为 3G 的主要技术标准。

- CDMA2000：也称为 CDMA Multi-Carrier，由美国高通公司提出并成为 3G 的通信标准之一，相对于 WCDMA，CDMA2000 的适用范围要小些，使用者和支持者也要少些。

- TD-SCDMA：时分-同步码分多址（Time Division-Synchronous Code Division Multiple

Access），3G 的通信标准之一，由中国提出，起步较晚而且产业链薄弱、发展曲折，落后于另外两个标准。

4）4G：第四代移动通信技术，主要标准有 TD-LTE 和 FDD-LTE 两个，FDD-LTE 在国际中应用广泛，而 TD-LTE 在我国较为常见。LTE 是指通用移动通信系统的长期演进（Long Term Evolution），严格来讲，LTE 只是 3.9G，是 3G 与 4G 技术之间的过渡，并没有满足国际电信联盟对 4G 的要求。

5）5G：第五代移动通信技术，5G 的性能目标是提高数据速率、减少延迟、节省能源、降低成本、提高系统容量和大规模设备连接，5G 数据传输速率最高可达 10 Gbit/s，比 4G 网络快 100 倍。而且网络延迟低于 1 ms，而 4G 网络延迟为 30~70 ms。

6）3GPP：第三代合作伙伴计划（3rd Generation Partnership Project），成立于 1998 年 12 月，主要成员包括日本无线工业及商贸联合会（ARIB）、中国通信标准化协会（CCSA）、美国电信行业解决方案联盟（ATIS）、日本电信技术委员会（TTC）、欧洲电信标准协会（ETSI）、印度电信标准开发协会（TSDSI）、韩国电信技术协会（TTA），为 3G、4G 和 5G 制定全球技术标准。

第 3 章

———

5G+汽车：行走的
智能机器人

认　识　5G+

百年变革：车企的自我革命

科技的发展，让人类的代步工具不断变化演进，早期人类只能依靠双脚行走，后来人类发明了轮子，也驯服了马匹，于是有了马车。工业革命以后，火车成为远途交通最主要的工具，大大拓展了人类的活动范围。而汽车的发明，更在随后一百多年时间里改变了人们的生活方式。

汽车的发明，得益于蒸汽机的出现和成熟。1688 年，法国物理学家德尼斯·帕潘发明了最早的蒸汽机，但没有实际运用到工业生产中。1705 年，英国人纽科门发明了大气式蒸汽机，从此人类可以不依靠自身力量和自然界（如风帆、牛、马等）力量，而靠机器做功产生动能就可以进行生产劳动了。但是纽科门的蒸汽机效率太低，无法为工厂提供实际的帮助。

1763 年，瓦特所在的学校找他修理一台纽科门蒸汽机，在修理过程中，瓦特发现了这台蒸汽机不仅动作慢，而且原料浪费多，于是他开始思考如何改进，终于在 1769 年发明了装有冷凝器的蒸汽机。随后，瓦特不断改良蒸汽机，使得蒸汽机的运行效率是纽科门蒸汽机的 3 倍，瓦特的蒸汽机最终成为工业用的蒸汽机，大大推动了第一次工业革命的进程。

蒸汽机的出现标志着人类开始从传统农业时代步入工业大生产时代，对随后的交通运输产业发展起到了空前的推动作用。事实上，后来的火车、汽车、轮船等现代交通运输工具的出现，都可以说是建立在蒸汽机出现基础上的。

汽车的发明离不开最关键的技术——内燃机。蒸汽机是内燃机的前身，法国人勒努瓦制成了二冲程煤气内燃机，更具划时代意义的是随后德国人尼古拉斯·奥托制造出了四冲程内燃机，到了这一步，汽车的诞生就是顺理成章的事情了。接下来就看谁有幸能够摘取这个伟大的发明桂冠。

直到现在，是谁发明的燃油汽车一直都存在争议，但最关键的发明者是德国人卡尔·本茨和他的同行威廉海姆·戴姆勒，两人基本上都是独立发明了各自的汽车。1885 年，本茨发明了三轮汽车，并且在第二年申请了专利。就在同时，戴姆勒也独立研究发明了电火花点火装置以及更具优势的汽油机，并在随后制造了四轮载货汽车，相比本茨的三轮汽车，戴姆勒的四轮汽车无疑对后世汽车制造的影响更大。

1885 年是汽车发展史中具有里程碑意义的一年，英国的巴特勒、意大利的贝尔纳以及俄国的普奇洛夫和伏洛波夫都独立发明了汽车。事实上，自从蒸汽机和内燃机出现以后，人们自然就想到了，如果把这种能源机器装上轮子，不就可以带着我们跑到更远的地方去了吗？正是在这种想法的驱动下，才有了后来各路人马纷纷投身汽车的发明竞争中。

所以，第一代汽车，真的可以算是带轮子的内燃机。

我们现在所说的新能源汽车，基本上等同于电动车。细说起来，电动车的发明比燃油车还要早。学过中学物理的人都会知道，电压的单位是伏特，伏特是一位意大利物理学家，他做出了电池的雏形——伏特电堆。

有了电池，自然会有人想到可以把电池装上轮子，变成行驶的工具车。匈牙利发明家阿纽什·耶德利克在实验室试验了最早的电动车装置，但实际制造出电动车的第一人是美国人托马斯·达文波特，他在 1834 年制造出了第一辆直流电机驱动的电动车。

尽管电动车的发明比燃油车要早，但随着石油的大规模开采以及内燃机技术的不断提高，燃油车越来越具有生产和使用的优势。到了 20 世纪汽车业大发展的时代，电动车几乎已经被遗忘在了角落，除了少数城市保留的有轨电车和电瓶车外，我们看到的满街跑的全是烧油的汽车了。

不过，在 20 世纪末，由于石油资源的不可再生性以及环境污染的日益严重，人们重新开始重视起电动车，被遗忘大半个世纪的电动车又重回到汽车舞台。世界各大车企也纷纷调整战略方向，向电动车投放越来越多的资源，并相继推出各类款型的电动汽车，短短 20 多年，电动车市场风生水起，越做越大。

如今，各国都开始宣布燃油车停售时间表，众多知名汽车企业也开始筹划未来几年逐渐停售燃油车，专攻电动车等新能源汽车，我们正在见证着百年不遇的汽车变革。其中，最根本的变革是，让汽车装上"脑子"会思考。

智能网联：重新定义汽车

21 世纪以来，汽车行业发生了前所未有的变革，电能取代汽油，不仅仅是能源的一次革命，而且在一定程度上降低了汽车的制造门槛。

究其原因，是因为作为生产燃油汽车的老牌车企，它们在内燃发动机、变速器等汽车的核心部件上都有着数十年，甚至上百年的技术积累，新入行企业想沿着原有的道路赶超基本上不可能，甚至连弯道超车都很难，除非变换车道，另起炉灶。而电动汽车恰恰就是完全变换了一个车道，大家都在同一起跑线上，重新开始比赛。相比燃油汽车，制造电动汽车所需的零部件大大减少，这让汽车生产的难度大大降低，越来越多的企业和创业者开始投身于这一新兴市场。

当然，经历了一百多年的发展，无论是依靠烧油还是发电的汽车，都只是能量驱动方式的不同，对于汽车功能并无本质改变。但既然我们谈到面向未来的汽车发展趋势，一定有着本质上的变化。汽车会发展成什么样子？业界已经有了基本共识，新型的汽车会有两项关键新技能：智能和网联。

（1）智能

一提到智能的概念，很多人会以为汽车会像变形金刚一样，是一个能思考、会说话的聪明的机器人汽车。当然这是我们所追求的理想目标，但目前来看，已经广泛应用在汽车中的辅助驾驶技术，就是最初级的智能技术。接下来，辅助驾驶还会增加更多实用的功能，减少人为操作的内容，让人们的驾驶体验更加方便、省心。

（2）网联

汽车逐渐像手机一样，能够拥有联网的功能，车辆与车辆之间可以联网，车辆和路侧设施也可以联网。通过 5G 和互联网技术，所有车辆都可以将自身的位置、速度和路线等数据信息实时传递到中央处理器，我们坐在后台就能够掌握每一辆车从哪里来，往哪里去，会遇到哪些路况。车与车之间也随时可以相互感知到对方的行动。借助车联网，司机在驾驶座上就可以眼观六路、耳听八方，做出最合理的路线安排和行车速度选择。

正是因为有了 5G、人工智能以及物联网等新技术，汽车行业也随之迎来了变革，我们对汽车的理解，也会与以往概念有很大不同。

智能网联汽车（Intelligent Connected Vehicle，ICV）是指车联网与智能车的有机联合，是搭载先进的车载传感器、控制器和执行器等装置，并融合现代通信与网络技术，实现车与人、车、路和后台等智能信息交换共享，实现安全、舒适、节能和高效行驶，并最终可替代人来操作的新一代汽车。

美国：将发展智能网联汽车作为美国发展智能交通系统的一项重点工作内容，通过制定国家战略和法规，引导产业发展。2016 年发布了《联邦自动驾驶汽车政策指南》，引起行业广泛关注。

日本：较早开始研究智能交通系统，政府积极发挥跨部门协同作用，推动智能网联汽车项目实施。计划 2020 年在限定地区解禁无人驾驶的自动驾驶汽车，到 2025 年在国内形成完全自动驾驶汽车的市场目标。

欧盟：支持智能网联汽车的技术创新和成果转化，在世界保持领先优势。通过发布一系列政策以及自动驾驶路线图等，推进智能网联汽车的研发和应用，引导各成员国智能网联汽车产业发展。

自动驾驶：完美"老司机"梦想

自从汽车被发明以后，人类又多了一项生活技能——驾驶汽车，也多了一种职业——司机。当汽车开始遍布大街小巷以后，我们也发现生活中还多了两件不好的事情——交通拥堵和交通事故。尤其是车祸导致的死亡人数，都随着汽车的普及而不断攀升。

1925 年，美国车祸造成 21900 人死亡，到 1953 年，这一数字几乎翻了一番，达到 37955 人。越来越多的交通事故，促使政府和社会开始思考，如何通过技术手段解决汽车的安全问题，让人们的出行更加放心、可靠。于是，从这时起，人们就有了发明自动驾驶汽车的念头。

很多孩子都玩过遥控汽车玩具。1925 年，无线电设备公司 Houdina Radio Control 在一辆普通汽车的后座上安装了一个无线电接收器，通过无线电的方式来实现车辆方向盘、离合器、制动器等部件的远程操控，虽然这种遥控汽车不算是自动驾驶汽车，但也与我们俗称的"无人车"很接近了。

但随后的几十年，自动驾驶汽车的发展非常缓慢，主要进展仅仅是为汽车增加了定速巡航、雷达等辅助驾驶功能，直到 21 世纪以后，随着人工智能技术的爆发，自动驾驶的研究才重新焕发风采。

如今我们所说的自动驾驶汽车，已经可以称得上是一台移动的计算机，其本质是软件定义汽车（Software Defined Vehicles，SDV），是汽车智能化的集大成者。

如果读者身边有研究自动驾驶技术的专业人士，那么不妨和他们简单聊上几句，很可能从对方口中听到 L1、L2、L3 和 L4 这类术语。对于专业技术人来说，这些名词就是评价自动驾驶技术水平的标准。

说到自动驾驶的标准，目前公认的汽车自动驾驶技术分级标准有两个，分别由美国高速公路安全管理局（简称 NHTSA）和国际自动机工程师学会（简称 SAE）提出。前者将自动驾驶技术从低到高划分为 0~4 级，后者划分为 0~5 级，但在对每一级别的功能描述上基本一致，唯一的区别是，SAE 把 NHTSA 关于最高一级的功能又细化为两个级别，由此才会多出一个级别，如图 3-1 所示。

说起来，这两套标准本质上都是一样的，SAE 的标准相对简单明了，使用更多一些罢了。

L0：无自动化，完全由驾驶员进行驾驶操作，属于纯人工驾驶，汽车只负责执行命令并不进行驾驶干预。

L1：驾驶支援，自动系统有时能够帮助驾驶员完成某些驾驶任务，且只能帮助完成一项驾驶操作。驾驶员需要监控驾驶环境并准备随时接管，如车道保持系统、定速巡航系统等。

自动驾驶分级		名称	定义	驾驶操作	周边监控	接管	应用场景
NHTSA	SAE						
L0	L0	无自动化	由人类驾驶者全权驾驶汽车	人类驾驶员	人类驾驶员	人类驾驶员	无
L1	L1	驾驶支援	车辆对方向盘和加减速中的一项操作提供架驶支援，人类驾驶员负责其余的驾驶动作	人类驾驶员和车辆	人类驾驶员	人类驾驶员	限定场景
L2	L2	部分自动化	车辆对方向盘和加减速中的多项操作提供驾驶支援，人类驾驶员负责其余的驾驶动作	车辆	人类驾驶员	人类驾驶员	
L3	L3	有条件自动化	由车辆完成绝大部分驾驶操作，人类驾驶支援需保持注意力集中，以备不时之需	车辆	车辆	人类驾驶员	
L4	L4	高度自动化	由车辆完成所有驾驶操作，人类驾驶员无需保持注意力，但限定道路和环境条件	车辆	车辆	车辆	
	L5	完全自动化	由车辆完成所有驾驶操作，人类驾驶员无需保持注意力	车辆	车辆	车辆	所有场景

图 3-1　自动驾驶分级图

L2：部分自动化，自动驾驶系统有多项功能，能同时控制车速和车道。驾驶员需要监控驾驶环境并准备随时接管，如，自适应巡航系统等。

L3：有条件自动化，在条件许可的情况下，车辆可以完成所有的驾驶动作，并具备提醒驾驶员的功能。驾驶员无须监控驾驶环境，可以分心，但不可以睡觉，需要随时能够接管车辆，以便随时应对可能出现的人工智能应对不了的情况，如激光雷达、高精度地图、中央处理器等。

L4：高度自动化，完全自动驾驶，驾驶者可以有、也可以没有，但依然在特定的场景下实现，如激光雷达、高精度地图、中央处理器、道路智能化基础设施等。

L5：完全自动化，完全自动驾驶，且在任何场景都可以（待研发中）。

仔细看自动驾驶的分级标准，细心的读者会发现，人类驾驶员参与操作汽车的内容，随着级别的升高而逐级减少，直到完全不参与。这其中的关键分界线就存在于 L3 和 L4 之间。自动驾驶不等于无人驾驶，真正意义上的"无人车"，应该至少达到 L4 级别，才是名副其实的无人驾驶。

我们不由得会问，一辆"无人车"是如何自如地行驶在道路上的呢？抛开无人驾驶神秘的技术面纱，其中的核心原理并不难理解。人类司机驾驶一辆汽车的最关键动作分 3 部分：观察路况、判断形势和做出反应。人类可以自己独立完成这 3 项任务，但是一辆"无人车"需要通过专业的工具分别实现以上 3 项功能。

因此，可以把自动驾驶系统划分为 3 个部分：感知层、决策层和控制层，分别负责这 3 项任务。

- 感知层：司机的眼睛和耳朵，用来掌握车辆周围的环境情况，需要使用到激光雷达、毫米波雷达、摄像头、GPS 等器件以及高清数字地图软件。
- 决策层：司机的头脑，通过感知层传来的信息，运用算法进行分析决策，并向控制层输出调整车速和方向的指令，需要使用具备人工智能算法的系统平台，能够通过复杂的算法模型高速运算车辆传感器采集的海量数据，是自动驾驶的核心要素。
- 控制层：司机的手脚，接收来自大脑的指令，控制车辆的制动踏板、加速踏板和方向盘等，按照既定要求调整车速和方向。

如今，在自动驾驶领域，存在两种理念，分别对应两类不同的技术路线。一类是以谷歌、北京百度科技有限公司（以下简称百度）为代表的互联网公司，主张越过 L1～L3 级别，利用深度学习直接研制出具备 L4 级别的无人车，我们叫它"一步到位"的激进派；另一类是有着深厚百年汽车制造功底的日美欧车企，主张从辅助驾驶逐步过渡到自动驾驶，先做到 L3 级别，我们叫它"循序渐进"的稳健派。

（1）激进派

谷歌早在 2005 年就涉足了无人驾驶领域，由斯坦福大学人工智能实验室的主任、谷歌街景地图服务的创造者之一塞巴斯蒂安·特龙（Sebastian Thrun）领导研发。凭借自身强大的人工智能算法实力，谷歌无人驾驶项目一路走来，遥遥领先于其他竞争对手，2012 年获得美国首个无人驾驶车辆许可证，2016 年更是拆分出独立的子公司 Waymo，专门运营无人驾驶业务。2017 年，Waymo 获得了美国国家高速公路交通安全机构的认定文件，正式允许真人乘坐无人车。

在国内无人驾驶领域，百度处于领先地位。百度仿照"安卓系统"，走的是开放平台路线。2017 年，百度推出向全球开发者和汽车产业免费开放的 Apollo 平台，平台上提供具备 L3、L4 级别的自动驾驶功能模块，与汽车产业合作研发无人驾驶汽车，目前在全球范围内拥有大约 180 家合作伙伴，其中包括戴姆勒、宝马、博世等汽车及配件行业巨头。Apollo 被业内称为是无人驾驶领域的"安卓系统"。

（2）稳健派

稳健派主要是传统车企，作为汽车产业的中坚力量，车企才是自动驾驶技术最终的落脚点。由于常年深入在汽车行业，对汽车本身的理解与新进入的互联网公司并不相同，传统车企更看重的不是先进技术，而是行车安全，这让大部分车企对待自动驾驶技术没有那么理想化和激进，反而更加谨慎和稳妥，主张从辅助驾驶技术入手，一步步走向无人驾驶。

尽管人工智能掀起的无人驾驶热潮引起了众多资本和媒体关注，但车企本身依然依托自身成熟的研发和生产系统，将新的技术有效融入其中，以辅助人类获得更好的驾驶体验和更高的安全系数作为目标。

无人驾驶依赖于人工智能技术，特别是深度学习，百度和谷歌以搜索引擎公司起家，自带 AI 技术基因，无人驾驶起步早、跑得快也在情理之中。而传统车企的优势在于硬件制造，也就是自动驾驶的控制层上。双方的出身基因不同，决定了对待自动驾驶这类新事物的看法和行动侧重点也不同。但两大派别并不是竞争关系，很大程度上需要双方广泛的合作，发挥各自在软硬件上面的优势，才能造出让用户放心的无人车。

单车智能：无法解决的瓶颈

自动驾驶离不开 AI 技术，2005 年的 DARPA 挑战赛中，斯坦福团队使用 AI 深度学习的算法，将自动驾驶的感知识别错误率提升了 4 个数量级，因此战胜了其他基于规则设定算法的参赛团队，脱颖而出成为冠军，这次 DARPA 挑战赛也成为自动驾驶发展的里程碑。人们发现将深度学习应用于车辆感知、建模和决策等多个环节能够显著提高单车智能的水平。正是因为有了深度学习，自动驾驶才会呈现出爆发式进展。

自动驾驶虽然有着千般好处，但也存在短板和瓶颈，制约人们追求更美好的出行体验。简单地说，有两个问题困扰着自动驾驶：一个是成本问题，一个是安全问题。

（1）成本问题

无论是谷歌还是百度，在推动自动驾驶汽车发展的技术选择上，都是依靠单车智能来实现的。所谓单车智能，指的是依靠车载的雷达、视觉等传感器，采用 GPU 图形处理单元在本地深度学习。因为数据属于自采自用，并不依赖于远程通信网络进行传输，因此云端的计算平台也用的很少，可以说单车智能就是每辆车自己单打独斗，不需要与外界有过多的接触和协作。

要实现单车智能，就要把感知和运算的功能全部叠加在汽车上，为了保障安全，每辆自动驾驶汽车都要配置最好的感知设备和决策系统。但要知道，单是一个 64 线的激光雷达，成本都抵得上几辆家用轿车的价格了，可想而知，装载了满满的高精尖设备的自动驾驶汽车，价格肯定会让众多买家知难而退。

成本高昂，对于任何一个走向产业化的商品而言，都是最大的"拦路虎"，价格降不下来，产量自然上不去，大范围商用更没有前景，只能停留在实验测试阶段。

● 安全问题

最近两年，自动驾驶事故已经发生多起。2018 年 3 月，一辆 Uber 自动驾驶汽车与一名推着自行车的行人相撞，导致行人死亡，Uber 不幸成为全球首例自动驾驶撞死行人事故的责任方。2018 年 5 月，谷歌 Waymo 旗下一辆自动驾驶汽车在亚利桑那州与一辆本田汽车发生碰撞，导致 Waymo 车上的一名测试员受轻伤。

2019 年 1 月 6 日晚，美国拉斯维加斯，一辆处于自动驾驶模式的特斯拉 Model S 在行驶中撞倒了路边的一个俄罗斯出产的机器人，这台商用机器人本来准备参加即将举办的 CES（全球电子消费展），事故发生后，机器人由于身体、头部、机械臂和运动平台的零部件严重损毁，已经无法修复，彻底告别 CES 展会。如果换做是一位路人，极有可能被撞死在路边。

根据美国汽车学会 2018 年的调查显示，有 63% 的美国司机对无人驾驶表示恐惧，这种恐惧会让他们拒绝了解和乘坐自动驾驶汽车。另外，据 Gallup 调查结果显示，在 3297 名受访美国人中，有 54% 的人表示不愿意乘坐自动驾驶汽车，59% 的人认为自动驾驶汽车会令他们不安。

虽然自动驾驶的技术已经取得突飞猛进的发展，但如果我们把身家性命寄托在这些机器上，恐怕还是有很大风险。实际道路环境异常复杂而又多变，比如，遇到雨、雪和雾霾等恶劣天气，单靠摄像头和激光雷达来为我们指路基本不太可能。汽车最重要的是确保乘客安全，要实现 100% 的安全性，我们还需要其他利器。

车路协同：V2X 开启"上帝视角"

我们提到未来的汽车会有两大特点：智能和网联。自动驾驶就是智能化的方向，那么网联在汽车身上如何体现呢？

我们可以把汽车看成一部手机，每辆车都存在于一张无形的通信网络里，车与车可以互通信息，每辆车都能够感知到其他车辆的活动范围、路线、速度和方向，作为自身下一步行动的参考。假如不考虑自动驾驶，依然是由人来驾驶汽车，有了网联化的功能，就可以随时随地知道周边的路况信息，作为驾驶员，是不是会觉得心中更有数，行车更加方便了？

智能网联汽车才是未来汽车的主流方向，智能靠 AI、网联靠 5G，用最快的速度传递数据、运算数据、反馈数据，让车变得耳听八方、眼观六路、聪明伶俐、行动合理，每次出行都让人非常放心，而且方便快捷，是不是听起来很动心？

要实现这种功能，就需要 5G+AI 的配合，我们刚刚介绍了自动驾驶，接下来介绍结合 5G 后的网联化汽车。

让路智能化

单车智能有成本和安全的局限性，于是业界开始换一个角度思考问题，通过将一部分智能化功能转移到道路侧来降低车辆本身的成本压力；通过道路侧的感知为车辆定位导航来提升安全性；通过车与路协同工作来实现单车智能无法做到的事情。于是，最近两年，"车路协同"的提法受到了政府和企业的重视。

为了达到车路协同的效果，我们需要做好两件事。

一是在道路两路建设能够感知路况信息的 RSU（路侧设备），类似于为道路安装上"千里眼"和"顺风耳"。

道路侧的传感器能够比车载传感器视角更开阔，感知范围更大，两者相结合能够有效避免单车的感知盲区，为自动驾驶汽车提供双保险。

车路协同之所以能够降低单车智能的成本，是因为将一部分智能化功能转移到了道路侧，对道路进行智能化升级改造之后，车企可以减少车辆雷达传感器的部署。路变得"智慧"后，车不需要非常"聪明"，这样造车成本将大大降低。

对于购买和使用自动驾驶汽车的企业和个人来说，成本降低也会带来更大的消费需求，市场将真正打开。

二是需要将道路侧和汽车自身每时每刻获得的数据信息及时交互，确保知己知彼。

未来，像北京、上海这样的大城市，每天在路面上会有几百万辆汽车行驶，每辆汽车都时时刻刻采集 360°路况信息。与此同时，错综复杂的道路交通网也在采集海量数据。车与路、车与车之间需要进行实时互动，如此庞大的数据量对传输带宽是一个巨大的挑战，没有 5G，根本实现不了数据的交互，也谈不上车路协同。

V2X 连接一切

5G 在车路协同上的作用需要 V2X（Vehicle to Everything）技术来承载。V2X 是让车与车、车与路、车与人以及车与周围一切事物实现网络连接和信息交互的新一代信息通信技术，这里的 X 包含一切事物，如图 3-2 所示。

- 最简单的是 V2N（Vehicle to Network）是车与互联网的连接，每辆车都会配有上网功能，可以获得导航信息、收听网络歌曲，这是目前 V2X 最广泛的应用。

- V2V（Vehicle to Vehicle）是车与车的连接，让任意两辆车之间能够实现信息交换，知己知彼，避免碰撞和拥堵发生。好比我们在山路开车转弯的时候，会按下喇叭，如果弯角那边有迎面转来的汽车，听到喇叭声就会放慢速度，会格外小心地转弯。V2V 就可以替代喇叭的提醒功能，无声无息通知对方。

- V2I（Vehicle to Infrastructure）是指车与基础设施的连接，这里提到的基础设施包括交通信号灯、指示牌以及路边可以影响车辆行驶的任意设备。如果要依靠车路协同来实现自动驾驶，那么路边设施对车辆的指挥作用就会非常重要，所以 V2I 最大的价值将体现在自动驾驶汽车上。

- V2P（Vehicle to Pedestrian）是车与人的连接，每个路上的行人都可以通过车联网的通信设备与路上行驶的汽车做到信息互动，汽车可以随时看到周边行人的动态以及行人与车辆自身的距离，做到不会有碰撞发生。当然，要达到这种效果，行人必须拥有专门的通信设备，也许是手机里的一个 App 程序，但毕竟街道行人众多，不可能每个人都安装，所以 V2P 实现起来难度很大。

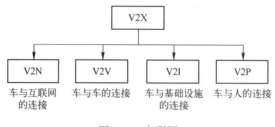

图 3-2　车联网

通信是一个双向交流的活动，因此一项通信技术出现，必须伴有统一的标准，否则不同厂商出产的设备之间的通信交流就不可能实现。目前 V2X 有两种标准方案，一个是 DSRC，类似于手机 Wi-Fi，范围小、延时短，适合短途通信；另一个是 C-V2X，基于蜂窝技术的远程车联网方案，这就必须依靠通信运营商的网络来实现了。

两种标准哪个更好？众说纷纭。

类似于 Wi-Fi 的 DSRC 在国外有数十年研发与测试历史，美国交通部将其确认为 V2V 标准。C-V2X 适合大范围远程通信，当然肯定会有延时现象，不过随着 5G 来临，这种延时会得到大大改善，未来车主可以像给手机充话费一样，每月给自己的爱车订购一个流量包就可以了。

总之，车路协同是实现自动驾驶的更优选择，通过 5G+AI 让每一辆汽车都能拥有"上帝视角"，全盘掌握整个城市的交通运行图，每一辆车、每一条路的状况在这个全局图中都被看得一清二楚。通过 V2X 技术，汽车可以提前预知前方道路状况，在视线被挡住的情况下还能知道危险所在，做出及时规避的动作。V2X 是车联网的核心技术，是传统汽车与网联汽车的根本区别所在。

第 4 章

5G+交通：让马路变得更聪明

认 识 5G+

大城市病：久治不愈的"交通肿瘤"

纵观古今中外城市发展的历史，无数实例都证明了交通对城市发展有着重要的作用。交通是连接城市的重要纽带，也是为城市发展运送人力、物力的重要通道。交通和城市共生共长，交通的进步对生产要素的流动、城镇体系的发展都有着决定性的影响。

作为个体而言，车路协同技术明显让汽车驾驶更加方便和安全，那么我们很自然就能想到，车路协同肯定会对城市交通状况也能起到很大的改善作用，"智能交通"时代真的可能会提早到来。

当我们谈到智能交通这一概念时，有的人会禁不住问一句：为什么要将智能化的技术引入交通领域，交通出了什么问题？常年生活在北上广这样大型城市的人自然会体会到交通不便带来的"痛苦"。

- 严重的拥堵。道路拥堵已经成为大城市病的典型特征，孟买是全球交通最拥堵的城市。由于交通拥堵，司机的出行时间平均要多出 65%。北京每年交通拥堵带来的直接、间接经济损失高达数千亿人民币，大概占北京 GDP 的 5%。

- 交通事故频繁。车多路窄人着急，事故就不可避免地发生。全球每年因交通事故导致的人员死亡不在少数，具体数字在公开渠道也能查到。比如，2017 年日本因交通事故死亡人数为 3694 人，2016 年美国道路死亡人数约为 4 万人。除去人员伤亡的严重事故不提，那种剐剐蹭蹭的小事故更是层出不穷。

- 通勤成本太高。大型城市普遍存在"职住分离"现象，上班族们每日的通勤距离拉长，通勤时间增多，大把时间花在上下班路上。北京平均通勤路程是 13.2 km，平均用时达 56 min。过久的通勤时间，牺牲掉的是本应属于工作和生活的时间，在路上长久颠簸，影响了心情，降低了幸福感。

种种交通病症的背后，反映的是城市道路交通的供需矛盾问题。人们要出行，但没有足够多的道路空间满足出行需求。政府除了限号限购控制上路汽车数量、修路架桥加大道路供给以外，系统性地提升城市交通管理水平、高效合理地进行资源配置，是第三个解决交通问题的方向。这个时候，通过车路协同的信息技术提高交通出行效率，是一种非常有价值的方案。

智能交通：看不见的"交警"

如今，智能交通最直观的应用就是开车必备的导航地图，我们不需要再记住每一条路线，只要输入目的地，系统就能自动推荐最快捷的通行路线。但导航也经常会"坑"我们一把，比如地图没有及时更新、反应迟缓或把我们带偏方向等，主要原因是在行驶过程中不能保证每时每刻数据的传输都非常顺畅，一旦延迟几秒钟，开车就会瞬间变得"盲目"，甚至会因为反应迟缓而酿成交通事故。

根据美国国家公路交通安全管理局的调查，80% 的公路交通事故是由于驾驶员在事故发现前 3 s 内的大意造成的。戴姆勒-奔驰公司通过试验说明：提前 0.5 s 示警驾驶员，可以避免 60% 的追尾事故；提前 1.5 s 示警，可以避免 90% 的追尾事故。

如果是用现在的 4G 网络，速率时延达到了 50 ms，对于在高速驾驶阶段的汽车，这种时延无法实现实时控制，容易造成事故。但若升级到 5G 网络，端到端的时延只需要 1 ms，驾驶员完全有时间采取预防措施避免交通事故的发生。

由于 5G 拥有高速率、低时延的特性，运用 5G 来部署城市智能交通网络，将汽车周围的路况数据实时传递给驾驶员，真正做到 360° 无死角监控，实时告知驾驶员前方可能存在的拥堵情况或事故风险等，交通出行的安全系数会大幅上升。未来无人驾驶汽车也依然离不开 5G 网络的传输保证。

"马路"一词来源于古代跑马的路，到近代发明了汽车，路上不再有马了，虽然名字没有改，但跑汽车的路和跑马的路从基础设施上就是不一样的。比如跑马的路不可能是柏油路，不需要安装上红绿灯，更不需要交警指挥通行。一项关键技术的出现，会改变与之相关的各个生活场景。

未来自动驾驶和车路协同普及之后，我们依然还继续使用"马路"的概念，但是对于路的认知肯定有很大的变化。很多现在习以为常的设施，未来可能不会再有了。

比如一直作为交通控制重要设备的红绿灯，在车路协同系统中其实已经没有太多存在的必要了。现在的红绿灯系统并没有完全实现智能化，红绿灯的转换时长还是相对固定，没有根据每一个路口的车流量做实时调整。司机们经常会遇到这种情况，明明路口空无一车，可自己依然受限于红灯无法穿过，白白浪费时间。

如果全城实现车路协同系统控制，每辆汽车都有了"上帝视角"，如图 4-1 所示，有了自己专属的"红绿灯"，下一分钟的路况能够提前预知，车与车之间的最佳行距能够精准算出，那么在十字路口，各个方向的汽车完全可以实现无阻化通行。想一想，若能够真的如此，我们每天将节省多少等候的时间啊！

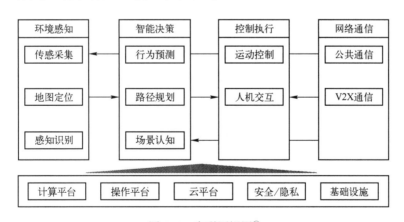

图 4-1　车联网视图○

○　来源：中国信息通信研究院（以下简称中国信通院）

汽车智能化的结果就是自己能够算出最优的通行方案，这种方案一定是与其他车辆进行数据协调之后得出来的，在保证自己畅通的同时，不会给其他车辆造成麻烦。当全城的汽车行驶数据每时每刻都能高速传递到车路协同的系统平台时，系统就能及时对汽车做出相应的指导。事实上，车路协同系统在无形之中已经履行了交警的职能，甚至远比人类警察做得更好。

真到了这一天，马路上一定是静悄悄的，没有喇叭声的催促，也没有急刹车的惊魂，只有川流不息、畅通无阻的一条条汽车流线。

MaaS：移动出行服务来临

云计算的兴起，让我们知道了很多"XX 即服务"的模式，比如基础设施即服务（Infrastructure as a Service，IaaS）、平台即服务（Platform as a Service，PaaS）等。2014年，赫尔辛基的欧洲 ITS 大会上首次提出了新概念——出行即服务（Mobility as a Service，MaaS）。

出行本身是一个行为，比如我们出门可以打车、可以坐地铁、也可以开车等，我们通过选择任意交通工具解决了出行问题，但 MaaS 理念的出现把这种出行的活动转变为一种可以消费的服务来进行。

服务内容肯定是围绕最终出行的目的，比如购物、吃饭、旅游等。这样就需要能够为出行人提供一体化的出行方案，以最优、最好的方式满足最终出行目的。我们每天都要出行，每个人的出行目的又不尽相同，于是这个市场空间就非常大，自然成为企业关注的热点方向。

有文章对 2015~2018 年世界 ITS 大会关于 MaaS 出现次数进行了统计：2015 年的大会只有 1 个论坛讨论 MaaS，MaaS 一词出现了 4 次；2016 年的大会有 4 个论坛讨论 MaaS，MaaS 一词出现了 22 次；2017 年的大会有 8 个论坛讨论 MaaS，MaaS 一词出现了 29 次；2018 年的大会有了 20+个论坛讨论 MaaS，MaaS 一词出现了 89 次。

MaaS 给了我们一个很好的思路，用"出行"这种行为本身，将城市中每个人的衣食住行各类活动串联在一起，将与之相关的解决方案都整合起来，构建完整的出行生态系统。

接下来我们就以一位上班族张三为例，描述一下一条龙出行服务带给他的全新体验。

- 晚上八点半，张三准备下班回家。忙了一天的工作，他只想用最短的时间赶回家休息。自行车、地铁还是汽车？手机中的移动出行服务软件已经将张三的历史出行数据以及当前同城数百万人的出行数据综合分析完，为他量身定制了最佳组合方案。

- 张三这段出行方案包含了自行车、地铁和出租车 3 种交通工具，移动出行服务商为他提供了一张全覆盖的电子票，智能比价能做到最大优惠，张三只需直接支付账单即可实现中途无缝换乘，无须再排队买票。另外，保险公司与移动出行服务商合作，同步提供了这段路线的行程保险单。

- 张三首先解锁一辆共享单车，骑行到指定地铁站口之后，将自行车停放好。通过手机验证码直接进入地铁站台，在坐地铁的同时，张三在手机上选购了一些新鲜食材，手机自动为张三推荐了他正在看的热播网剧，时间刚好是地铁行驶时长。

- 下了地铁，张三走向站外的候车厅，那里有等候在此的无人驾驶出租车，张三坐上车后，车载视频自动播放他喜欢看的国际新闻和体育赛事，甚至还有他心爱的足球队获胜的精彩视频回顾。背后的出租车服务商通过手机软件了解了每一位乘客的娱乐喜好，并与内容提供商合作，为每位乘客提供个性化的内容服务。

- 终于到家了，张三在楼下的提货柜中取到了刚刚送来的新鲜食材，零售商和物流商通过手机订单精准匹配好张三的回家时间，准时将所购买的商品送货上门。

- 这次小小的出行服务正式结束了。张三到家后，手机收到了本次出行服务结束的告知单，他能够看到整个行程的费用，包括交通费、内容服务费和外卖费，他可以对每一项服务进行评分，并将意见和建议反馈给移动出行服务商。

凭借无处不在的数字基础设施，高速全覆盖的 5G 网络以及共享和智能化的数据处理系统，张三从公司回到家的这段行程实现了各方面服务体验的无缝衔接和精准提供。更重要的是，将个人、车辆、道路以及相关服务内容有机整合在一起，就会形成丰富的出行产品服务，舒适、高效、个性化和灵活性的出行产品服务，将成为一种新型城市的公共服务，如图 4-2 所示。

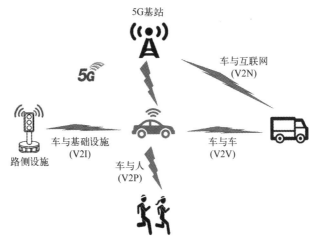

图 4-2　车路协同交通

共享出行：群雄逐鹿的大蛋糕

城市生活中，衣食住行是居民最基本的需求，出行作为人们必需的一项活动，随着城市范围的扩大和交通工具的普及，频次越来越高，出行时间越来越长。但人们的出行意愿受制于公共交通和出租车规模，并不能很好地被满足，因而以共享汽车为代表的出行模式，随着互联网技术的进步将会得到快速发展。

在上一章，我们谈到整个汽车产业正在经历大变革，主要趋势是智能和网联，除了这两个趋势，在汽车使用方面，已经逐渐显现出了共享化的趋势，"新四化"是汽车产业的转型方向。

各大车企和互联网公司都表现出了敏锐的嗅觉，尤其是"百年老店"的车企，不再甘于当一个传统汽车厂商，而要变身为移动出行服务公司，纷纷启动共享出行战略。

- 2008 年，戴姆勒宣布成立共享出行项目 Car2go，投放戴姆勒-奔驰汽车公司（以下简称（奔驰）Smart 车型，采用分时租赁的方式，成为第一家踏入出行服务领域的汽车厂商。

- 2011 年，宝马汽车公司（以下简称宝马）与 Sixt 合资成立高档汽车共享服务品牌——DriveNow。

- 2012 年，丰田汽车公司（以下简称丰田）与日本国土交通省共同合作推出的"和谐交通网络"——Ha：mo，宣布了共享出行计划。

- 2015 年，美国福特汽车公司（以下简称福特）宣布公司的智能移动计划，随后不久成立了智能移动子公司。

- 2016 年，大众汽车公司（以下简称大众）发布 2025 战略，向智能移动出行服务商转型。

- 2017 年，通用汽车公司（以下简称通用）宣布两年后推出大规模自动驾驶电动汽车共享服务，斥资 5 亿美元投资 Lyft，为 Lyft 司机提供短期的汽车租赁服务。

- 2018 年，戴姆勒股份公司（以下简称戴姆勒）和宝马整合旗下出行服务业务，成立合资公司统一运营。沃尔沃汽车公司（以下简称沃尔沃）推出共享出行新品牌"M"，正式进入共享出行服务领域。

- 2018 年，中国第一汽车集团有限公司（以下简称一汽）、东风汽车集团有限公司（以下简称东风）和重庆长安汽车股份有限公司（以下简称长安）组建 T3 出行公司，进入共享出行市场。

群雄逐鹿共享出行市场，这是一块怎样的蛋糕？

普华永道咨询公司（以下简称普华永道）对出行市场规模做出了预估：2030 年美国、欧洲和中国共享出行的市场价值将达到 1.5 万亿美元，年均复合增长率（2017~2030 年）约 24%，其中中国共享出行市场为 5640 亿美元，年均增长 32%。

大众首席数字官 Johann Jungwirth 表示："当你在工作时可能有 10 h 不需要用车，那么你的车完全可以在那段时间为你工作。把它放入一个自动驾驶电动汽车车队提供移动出行服务，它就能为你赚钱。"

如果说 MaaS 让出行成为一种全新的公共服务，那么共享出行就是其中最主要的落地载体，不仅是对汽车产业的颠覆，也完全改变了整个交通出行的游戏规则。更重要的是，还改变了传统的汽车消费模式。像滴滴出行科技有限公司（以下简称滴滴）、神州租车有限公司（以下简称神州租车）等出行服务商，通过云端的智能调度能力以及运营共享汽车带来的低成本优势，成为其他消费服务场景的接口，此类企业拥有极强的平台优势，是 MaaS 生态的关键角色。

5G+工业：虚拟工厂与柔性制造

制造升级：5G 推升制造业新优势

自第一次工业革命以来，工业制造业已经成为现代化国家的经济主体，是立国之本、强国之基。制造业也是衡量一个国家综合国力和核心竞争力的重要标志。美日德等西方主要发达国家，无一不是制造业强国。改革开放后的中国，制造业也是拉动经济发展的主要动力。

100 年前，美国凭借第二次工业革命的良机，成功超越英国，成为全球工业产值最高的国家。"美国制造"通行全球，强大的工业制造能力，让美国拥有了"钢筋铁骨"般的综合国力，在二战结束后的 20 世纪中期，美国制造业的增加值占世界总和的近 40%，达到历史最高。

但就是从那时候开始，美国人逐渐从制造业向服务业转型，将发展重点转向了高附加值的技术研发、品牌营销和金融服务领域，将低附加值的生产环节转移到了新兴国家和地区，也就是日本、亚洲"四小龙"以及随后的中国等地区，寻求廉价的劳动力、土地和资源成本。由此，全球分工体系和贸易格局开始发生了变革。

变革的结果就是，美国等发达国家的制造业越来越"空"，逐渐萎缩，到了 2002 年，美国的制造业增加值占世界总和的比例下降为 30%。与此同时，中国的制造业增加值快速增加。2018 年，中国制造业增加值总额接近 4 万亿美元，制造业占中国经济总量的近

30%。反观美国，长期以来，"去制造业"的趋势愈演愈烈，制造业在经济总量的占比逐渐下降，到了2018年，制造业仅占美国GDP的11%。

制造业乃立国之本，面对制造业的大规模流失，2011年6月，美国正式启动了美国"先进制造伙伴"（AMP）计划，提出"制造业回流"，以确保美国先进制造的领导地位，并设立国家制造创新网络（NNMI），以加速科研成果落地产业应用。

美国制造业的复兴并不是复古，而且依托科技创新的力量，让制造业变得"高端"。凭借自身在信息通信技术上的优势，美国开始将制造与服务合为一体，拓展网络平台化分工协作模式，整合产业上下游和相关产业链条。手机行业依靠苹果iOS和谷歌Android平台控制整个生态，掌握高利润环节。

在工业领域，工业互联网成为美国制造业复兴的关键动力。通用电气公司提出"工业互联网"的概念，也推出了智能制造的系统平台Predix，整合制造产业链上下游，并结合通信和AI技术对机器远程控制、检测和维护，实现制造业的网络化和智能化运行。

面对美国等发达国家制造业复兴战略带来的竞争压力，中国正处于发展模式转型升级的关键阶段，推动制造业高质量发展具有重要的意义。新一轮工业革命与实施制造强国战略形成了历史性汇合，我们需要把握这个变革趋势，推动制造业和新一代信息技术的深度融合。在信息技术革命的带动下，通过技术创新改造落后产能，不仅在制造业总量上保持优势，而且需要进入更多高端制造领域，通过部署5G和人工智能等技术，发展"智能工厂"模式，不断提升自身制造业水平。推动中国从制造业大国向制造业强国的转变，实现创新发展，让中国经济向高质量发展转型。

工业4.5：5G推动"工业4.0"的进化

提到制造业，不能不想到德国，与美国工业互联网并驾齐驱的是德国提出的"工业4.0"理念。

相对于有着全球领先科技创新优势的美国，德国的优势在于其强大的制造工艺水准。在第四次工业革命浪潮下，为了巩固和提高德国制造业在全球的领先地位，德国政府适时地提出了"工业4.0"国家战略，通过引入新的信息技术变革传统的生产模式，解放出更多的劳动力，实现高效、智能化的生产运作。

工业 4.0 指的是利用 CPS（Cyber-Physical Systems）将工业生产中的原料供应、设计制造以及销售服务等各个环节的信息数据化和智能化，达到快速、有效，甚至个人化的产品供应。2013 年 4 月，在汉诺威工业博览会上"工业 4.0"的概念正式推出，德国政府在《德国 2020 高技术战略》中将其列入十大未来项目之一，工业 4.0 迅速成为德国的另一个标签，并在全球范围内引发了新一轮的工业转型竞赛。

在德国人提出的工业 4.0 中，CPS 处于核心地位，它是智能制造的支撑点，如图 5-1 所示。关于 CPS 本身的含义，远远不止字面上理解的所谓"信息物理系统"那么简单。CPS 是一个包含计算、网络和物理实体的复杂系统，利用计算、通信和控制技术的有机融合与深度协作，通过人机交互接口实现和物理进程的交互，远程操控一个实体的机器和系统进行生产工作。

图 5-1　德国工业 4.0 技术[○]

○　来自德国信息产业、电信和新媒体协会（BITKOM）与弗劳恩霍夫应用研究促进学会（Fraunhofer）。

CPS 因控制系统而产生，但已经远远超出了单纯的控制系统范畴。相比于传统的控制系统，CPS 是建立在物联网中的系统，不是一个独立的本地化系统。

CPS 在一些领域已经有了部分实现，比如飞机和汽车制造中，嵌入了 CPS 的机器能够分析自身的各项数据并进行自我操控。但这仅仅属于机器的"自我管理"，要想实现全面的智能制造目标，就需要将所有设备都关联起来，形成一个工业物联网，用一个空前强大的 CPS 来进行管理控制。

但这对于嵌入式的 CPS 来说，技术上实在太复杂，成本上也划不来。当 5G 横空出世以后，CPS 技术也遇到了挑战。

5G 可以实现广泛连接和高速传输，因此能够为工业物联网的建立提供技术保障。另外，云计算技术的发展让云端的数据分析能力大大加强。这个时候，人们不会再花费大量时间做一个嵌入到机器终端式的 CPS，而只需要用可以接入 5G 网络的 NB-IoT 技术，配合云计算平台，就能实现虚拟化的 CPS 功能。

5G 和工业云的结合让德国人认识到，不应拘泥于机器自身的改造升级，利用新兴的 5G 和云计算技术，可以将自己的 CPS 理想付诸实施。

"工业 4.0"是德国人推动制造业升级的一次大战略，但 5G 的迅猛发展早已超越了当初德国人的"工业 4.0"的设计蓝图，也启发了中国、美国等多个国家。时至今日，CPS 已经淡出人们的视野，但 CPS 所描绘的未来智能化生产图景，却在 5G+ABC 的推动下，逐渐走入现实。

也许，5G 让"工业 4.0"向前迈进了一步，成为"工业 4.5"。智慧工厂远程工业控制示意图如图 5-2 所示。

云机器人：让机器人走向云端

提到机器人，我们很自然会想到科幻电影和动画片里面的那些"巨无霸"，从早期的《机械战警》《终结者》到后来的《黑客帝国》《变形金刚》等，好莱坞用电影技术为影迷们创造出了许多让人喜爱或恐惧的高能机器人形象。这些机器人的形象、动作和语言，给了我们无尽的想象空间。

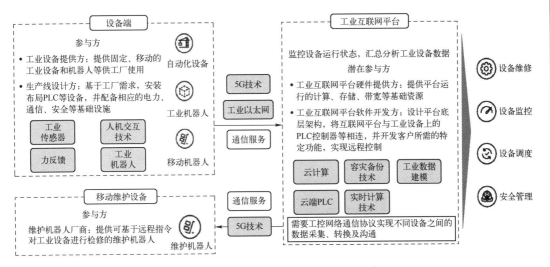

图 5-2　智慧工厂远程工业控制示意图[⊖]

机器人很早以前就已经在文学作品中出现，最有名的代表作家是美国人阿西莫夫，他一生创作了众多科幻题材的小说，并荣获了代表科幻界最高荣誉的雨果奖和星云终身成就大师奖。其中 1950 年出版的阿西莫夫小说集《我，机器人》中，作者本人在序中提出了著名的"机器人三定律"，成为后来机器人文学创作的一个重要的指导原则。

第一定律：机器人不得伤害人类个体，或者目睹人类个体将遭受危险而袖手不管。

第二定律：机器人必须服从人类的命令，除非该命令与第一定律冲突。

第三定律：机器人在不违反第一、第二定律的情况下要尽可能地保护自己。

虽然三定律是在文学作品中提到的，但随着机器人技术的不断发展，人类开始认真思考关于人与机器人的深层次关系问题，并形成了不同于传统伦理学的机器人伦理学认知。

当然，研究机器人的初衷，肯定不是为了思考如此深远的命题，而是为了应对实实在在的现实需要，如同当初发明蒸汽机和火车一样，是为了代替人类自身去进行生产，提升效率。在工业领域，工业机器人在越来越多的环节开始替代人类。

尤其是在当 5G+ABC 技术突飞猛进的当今，机器人在很多领域展现出了远超人类能力的一面，阿西莫夫的"机器人三定律"不仅得到了实现，而且在某些时候还被超越，

⊖ 《5G 重塑行业应用》，德勤咨询公司（以下简称德勤咨询）

未来机器人恐怕不会那么听人类的话了。

历经数十年的积累，日本的 FANUC、YASKAWA，瑞士的 ABB，德国的 KUKA 构成了传统工业机器人"四大巨头"，保持着世界领先地位。如同传统的汽车厂商一样，这些工业机器人老牌企业对于机器人的设计、制造和系统控制等，都有着经年累月的经验积累，已经对后来者构成了难以逾越的竞争门槛。

但每当一种革命性的新技术出现，都会将看似牢不可破的城堡神奇地击破。因为运用新技术的企业完全不在原有赛道上竞争，而是另辟蹊径。

5G+ABC 将传统工业机器人引到了一个"临界点"。

传统四大工业机器人巨头如下。

FANUC，被人们称为"富士山下的黄色巨人"。在数控系统科研、设计、制造及销售等环节都具有强大的实力，是世界上最大的专业生产数控装置和机器人、智能化设备的著名厂商。1976 年，FANUC 推出了第一个机器人产品，到如今已经具备了机器人生产机器人的能力，其产品在焊接、装配、搬运及铸造等多个工业环节被广泛使用。

KUKA，作为一家老牌的德国工业巨头，依托于德国强大的汽车生产产业，KUKA 在汽车工业中的机器人市场独占鳌头，同时也向工业生产过程提供了先进的自动化解决方案。KUKA 公司的机器人出现在了多个电影作品中，比如《007》《达·芬奇密码》等。2016 年的里约残奥会开幕式上，一台巨大的机械手臂与一位美女翩翩起舞，两者完成了一场完美的互动演出。这台"独臂金刚"正是全球著名的机器人制造商 KUKA 公司的杰作。

ABB，制造出了世界上第一台工业机器人，机器人销量最大，产品线非常完备，ABB 的机器人产品和解决方案已广泛应用于汽车制造、食品饮料、计算机和消费电子等众多行业的焊接、装配、搬运、喷涂、精加工、包装和码垛等不同的作业环节。ABB 的核心优势是运动控制。得益于拥有最好的机器人算法，ABB 是"四大巨头"中对机器人运动控制系统做得最好的一家。

YASKAWA，成立于 1915 年，已经有百年历史，其 AC 伺服和变频器市场份额位居全球第一。相比其他三家，YASKAWA 机器人的设计思路是简单够用。YASKAWA 做电动机起家，后来在机器人领域依然发挥着自身电动机的性能优势，所以 YASKAWA 机器人最大的特点就是负载大、稳定性高。

　　全球机器人研发能力最强的国家当属日本，日本工业机器人在世界上的占有率达 40%，被认为是全球首屈一指的机器人大国。日本人对工艺技术精益求精的精神以及其强大的科技研发能力，在工业机器人领域得到了充分的体现。随着传统家电业与手机业的衰退，工业机器人成为日本高科技产品出口的主力军，对日本经济的拉动作用愈发明显。

　　但是，近些年日本工业机器人厂家逐渐有了一股危机感。这种危机感不是来自于同行业的竞争对手，而是来自跨行业的通信厂家，那些通过 5G 技术正在颠覆传统机器人制造模式的厂家。

　　5G 具有高速率、低时延以及多连接的特性，能够为智能化的工业制造提供网络基础，工业机器人又是工业制造升级的关键力量，当 5G 遇到工业机器人，会摩擦出什么火花呢？

　　随着工厂制造复杂度的提升，如今的工业机器人已经更加智能化，具体体现在越来越依赖类似于"大脑"的控制系统来指挥和协调机器手臂的各种工作。但随之面临的一个问题就是，控制系统是安装在云端还是终端？

　　按照云计算的发展趋势，未来的机器设备应该越来越"轻"，也就是四肢变小，头脑变大，计算处理工作主要靠云端控制。但这样就需要架设一条高速的网络，负责云端和设备之间的数据传输。如今工厂的生产过程需要高速运行的自动化设备，因此对传输速率的要求非常高，哪怕稍微延迟，都可能造成生产事故，或者出现质量偏差。

　　这个时候，需要的正是 5G 的高速率。

　　设想一下，一旦可以通过 5G 网络从云端对机器人进行控制，那么就不再需要为机器人加装专门的软硬件控制系统了，只需要在计算机上安装软件即可。传统机器人厂家几十年积累的控制系统优势将会荡然无存，从此以后，机器人的游戏规则将被彻底改写。

　　从长远来看，5G 将显著提升机器人与人之间的交流效率。这取决于我们提到的 5G 的三大优势：高速率、低时延、多连接。

　　5G 与工业机器人的结合，将在未来的工业制造领域让机器人变得更加强大。

- 数据传输更高效。5G 的传输速率大大高于 4G，而且 5G 的时延性能够降到 1 ms 以内，远低于人自身的反应时间，几乎感觉不到任何延迟，这种高效性可以让生产线上的机器人更加快速地接受指令并反馈突发问题。当数据传输不再是瓶颈时，人就可以离开现场在远端实时监控了。

- 输出更优化的方案。如今工业机器人在生产作业中主要依靠 Wi-Fi 网络做调度。Wi-Fi 属于短程通信，存在易被干扰、覆盖面积小等缺陷，依赖 Wi-Fi 的机器人并不牢靠，安全性受到很大的制约。5G 的抗干扰性更强，而且可覆盖面积非常广泛，可以使连接的设备数量增加 10~100 倍，覆盖面积的扩大和连接数量的剧增，如同有了千里眼和顺风耳，让机器人可以更加全面地获取数据，后台也能够制定更优的解决方案。

事实上，无论是 KUKA、FANUC 这些老牌机器人厂商，还是以华为为代表的通信设备商，都在研发新一代的 5G+工业机器人，也就是云化机器人。将大部分计算放到云端，云端作为中控平台，在高效传输和安全可控的情况下远程遥控机器人作业。

云化机器人为下一步实现工厂的智能化和虚拟化打下了基础，柔性制造、前后台联动的未来工厂设计理念，将在 5G 的技术保障下落地实现。

工业 AR：重新定义人机界面

几乎所有的科幻电影都有这样一类镜头：电影里的人物可以随时随地用手一划，眼前就会立刻出现一个电子显示屏幕，屏幕里有各种数据和图表，可以用手来回滑动与单击，整个过程就像在一个悬空的巨大 iPad 屏幕上进行操作，操作完之后大手一挥，显示屏立刻消失了，眼前的一切又回到了现实中。

这类神奇的虚拟屏幕就是一种人机界面。人机界面是人与计算机系统之间传递、交换信息的媒介和对话接口。人通过这个界面实现与网络信息的对接，用来获取计算机的信息，输入指令。

就像电影里展现的一样，一个合格的人机界面需要有几项基本功能。

- 在可视化屏幕实现各种数据信息的实时显示。
- 能够自动分析数据背后的趋势和特征。
- 记录与保存历史数据并可以随时调取。

- 可以人工进行界面操作和输入指令控制系统。

- 主动发现系统问题并自动提醒和报警。

5G+ABC 的技术让人机界面有了全新的表现形态，这就是增强现实（AR）技术的应用，创造了工业 AR。

AR 技术是一种将虚拟信息与真实世界巧妙融合的技术，广泛运用了多媒体、三维建模、实时跟踪与注册、智能交互以及传感等多种技术手段，将计算机生成的文字、图像、三维模型、音乐以及视频等虚拟信息模拟仿真后，应用到真实世界中，两种信息互为补充，从而实现对真实世界的"增强"。

未来工厂属于全智能化的工厂，虽然各种生产劳作交由机器人来完成，但人在其中发挥着关键的控制和调度作用。这就需要工厂里的人员与机器人和计算机系统实现交互，而这恰恰是 AR 的强项和特点。

带上特殊的头盔和眼镜，眼前就会看到虚拟显示出来的零部件形象，计算机告诉你该如何进行安装，还可以动态展示零部件安装的过程图景。而某个设备出现故障的时候，通过 AR 可以快速查看原因，比如可以在虚拟界面调出线管设备的运行参数和性能指标，人眼不可见的隐蔽地方的设备装置也可以通过 AR 实现可视化。

有了工业 AR，工厂的管理人员可以实现某种程度的"开天眼"，整个生产系统的内外环境都能够做到可视化，一目了然。而且还可以与远程的其他人员进行全息互动，交流具体的操作和维修信息。

未来，我们甚至还可以实现可穿戴工业设备与 AR 技术的融合，比如工人们穿上机器人外骨骼装备，让人体与信息网络融为一体。如同电影《环太平洋》里面的战士一样，借助高速的网络和远程触觉感知技术，远程控制工厂内的工业机器人，让机器人可以模拟工人的动作，实施生产操作和故障修复，如同真人在现场一样。

宝马开发出了一款增强现实眼镜，宝马汽车维修人员戴着眼镜就可以看到高亮显示的零件，计算机会告诉使用者按照何种顺序进行安装。技师佩戴的眼镜上的小型屏幕让技师可以在真实环境下看到计算机生成的图片。宝马的增强现实眼镜维修作业，其实是一款 AR 汽车说明书。使用移动设备或者 AR 眼镜扫描汽车的任何地方，消费者便可直接看到相关的使用说明，从此和纸质说明书说再见。

未来工厂：无人化和柔性化制造

第四次工业革命带来的最大改变，可能就在千千万万家工厂里。对于大多数人而言，脑海中对于工厂的印象可能还停留在传统工业时代。但如今，需要我们重新定义工厂，在 5G+ABC 的新技术引领下，工厂也开始实现转型升级，从标准化、流水线迈向智能化和虚拟化的新范式。

未来工厂里，每一个原材料、零部件、生产设备和机器人都会有一个 IP，类似于人类的身份证号和商品的条码，这里面有这些物体的基本信息。在生产线上，原材料和零部件会随着生产环节不断地更新自身的信息，将最新的数据传到云端控制系统，并和其他原材料、零部件以及机器人进行信息交互。当然，工厂里的工人也会加入到这个网络中，随时进行数据的传输和交互，全面掌握工厂的情况。

当所有工厂里的人和物，都成为 5G 网络中的一个个节点时，整个工厂车间就变成了一个虚实结合的网络空间，5G 网络能够以最快的速率将信息告知网络上的所有节点，使线上的数据交互和线下的生产管控实时同步进行，前端和后端、云端和终端都可以随时互动交流。

对于制造业企业而言，5G 能够重塑自己的生产模式和组织模式，未来工厂完全不同于传统工厂，生产设备完全实现网络化和智能化，建立车间的"物联网"空间，实现人与系统、设备的无缝连接和交互协作。生产决策依据大数据分析，生产过程系统具备智能处理能力，最终的目标是实现完全无人化的工厂运转。

柔性化制造，顾名思义是指生产线条灵活多变、生产过程能够随时调整，目的是实现为最终客户定制化生产服务。

生产线条是企业、特别是制造业企业的核心部分，以往的工业生产线都是固定不变的，由各个不同的岗位分别完成，非常适合于那种需求固定的产品生产。但如今的客户需要更具有个性化的产品，这就倒逼企业配置可以柔性化生产的智能生产线，这种智能生产线能够以客户需求为出发点，随时根据客户需求进行改造。

当然，客户需求不会是一成不变的，甚至是时时刻刻都存在变数，因而企业在生产的全过程中，都需要保持与客户的交流互动，及时获得反馈意见，并建立与客户互动的社区，实时在线交流，建立更加具有黏性的客户服务关系。

只有建立一整套智能化的生产系统，才可以实现对全流程生产的管理和控制，包括传感器、微处理器、数据存储设备和云计算等平台，实时传递最新的数据到系统中，快速形成反馈意见至生产流程中并加以改进和优化。企业需要建立动态的数据库，将大量分散的客户需求数据转变为生产可用的参考数据，确保产品的生产能够与客户的个性化需求持续匹配，每时每刻都可以获得来自前端的指导。

以客户需求为核心离真正实现还有很远的距离。因为技术不达标，成本也下不来，所以大部分时间生产出来的并不是客户最想要的产品，而仅仅是满足大多数人基本需要的标准化产品。

未来工厂可以实现柔性化生产，因为制造过程智能化了。有了 5G 作为无线连接手段，替换了 Wi-Fi 和有线连接，让生产设备和机器人可以在更大的空间里自由地操作和联动，可以让与客户接触的最前端和生产后端高度互动和协作，甚至可以让最终的客户参与产品的设计和生产过程。

同时，人工智能和大数据保证了工厂拥有强大的智能分析能力，可以收集客户的各类数据，并进行深度挖掘，设计出能符合客户偏好的产品方案，提升客户的体验。图 5-3 所示为智能制造示意图。

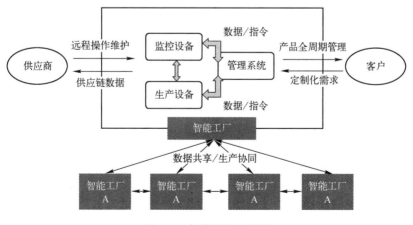

图 5-3　智能制造示意图

未来工厂，也叫数字化工厂、无人工厂、智能工厂等，融合了移动通信、物联网、大数据、人工智能、3D 打印以及 VR/AR 等多种技术，是一个高度自动化和智能化的生产系统，当前还没有非常成熟的应用案例，各国企业都在不断研发之中。

比如奥迪公司打造的未来汽车工厂中，可以看到有典型的新科技应用场景。

无人搬运系统：利用各类移动机器人，包括潜伏式 AGV、叉车式 AGV、牵引式 AGV 以及无人机对车架和各种零部件实现自动搬运。

机器人系统：工厂中有各类机械手臂，灵活的按照标准程序对汽车零部件实行识别、抓取和安装操作。

VR/AR：通过 VR 眼镜和操纵杆，在虚拟的世界里对零部件进行预装配，对实际装配效果进行评估；通过 AR 眼镜看到指定的零部件装配位置，并能对零部件进行分析，发现其存在的缺陷。

3D 打印：大部分零件都可以通过 3D 打印技术获取。

第 6 章

5G+农业：种地成为
高科技手艺

认 识 5G+

智慧农业：从此告别"看天吃饭"

全球范围内，美国是农业现代化水平最高的国家之一。美国农业很早就已经进入了机械化、大农场生产等阶段，完成了农业的现代化升级。长期以来，美国农业与科技紧密结合，实现了农业的信息化，虽然美国农业人口占比较低，但却是世界上最大的粮食出口国。

中国有着几千年悠久灿烂的农业文明，改革开放以来，我国的农业现代化也取得了显著进展，尤其是东部沿海、大城市郊区和大型垦区的部分县市已基本实现农业现代化，国家现代农业示范区已成为引领全国农业现代化的先行区。但总体而言，我国农业还处于大而不强，多而不优的阶段，迫切需要通过信息化技术来实现农业生产模式的跃迁。

农业农村部发布的《2019 全国县域数字农业农村发展水平评价报告》从发展环境、基础支撑、信息消费、生产信息化、经营信息化、乡村治理信息化和服务信息化 7 个方面对县域数字农业农村发展水平进行全面的分析评价。报告显示，2018 年中国县域数字农业农村发展总体水平为 33%。我国农业农村信息化发展存在地区发展不平衡、生产信息化应用广度和深度有待拓展、农村基础设施建设相对滞后等问题。

与此同时，我国的农业发展也存在着严重的现实问题：

- 耕地面积减少：根据世界银行以及国家统计局统计的数据，中国人均耕地面积逐年减少，需要用越来越少的耕地养活越来越多的人口。2019 年，中国耕地面积约为 1.19 亿公顷。

- 优质耕地不足：根据国土资源局 2015 年统计，将耕地质量按照不同级别进行分类，我国优质土地面积只占总面积的 2.9%，将近 53% 的土地质量属于中等级别。由于随意使用化肥、农药以及大气污染、不科学轮作耕地等原因，耕地质量问题严重，影响粮食产量以及农产品质量。

土地资源的稀缺，生产方式的落后，都制约了我国农业发展水平和生产效率：一方面，生产成本居高不下，效率不高，粮食需求压力增大；另一方面，粮食的质量也无法实现精准把控，长期看会影响到人们的身体健康。

因此迫切需要用科技手段改变传统的生产方式，解决农业生产中的效率和成本问题，以机械替代人工，从而提升整体效率和质量。

科技改变农业

农业是立国之本，如何用最先进的技术手段帮助本国农业实现高质量的增收，是世界各国都必须重视的大事、要事。

美国农业科技投资公司 Finistere 每年都会发布全球农业投融资报告分析，最新报告显示，相比 2010 年的 330 亿美元规模，2019 年全球农业科技投资额度达到 2890 亿美元。过去 10 年对农业技术投资额的增长，恰恰说明了科技兴农依然是时代大趋势。

换句话说，技术就是让农民用更少的人力、财力，产出更多的粮食作物。日本、美国、欧洲各国在科技农业、智慧农业方面都已经走在了前面。

比如日本，一直以来，日本政府对本国农业的保护都是不遗余力，人多地少的先天劣势让日本人更加注重利用技术提升农业生产力。在人口老龄化的背景下，日本的青壮年劳动力十分短缺，用在农业上的劳动力资源就更加缺乏，但日本农民的单位产量却稳步提升，这其中的奥秘在于他们采用了信息通信和机器人技术，节省了大量人工，使得很多工作实现了自动化。

日本政府在 2004 年就提出了 U-Japan 计划，力图在未来建立一个人与人、人与物、物与物的广泛连接的泛在网络社会。这是一个非常宏大的愿景，是物联网技术在宏观层面的集中体现。而其中就包括了要建设农业物联网，广泛采用农用机器人作业。

美国作为农业强国，坐拥优质的土地资源，完全没有中国和日本土地资源紧张的苦恼，但也在充分利用物联网、人工智能等技术，不断改进农业生产现状，实现农业生产技术的全面变革。

早在 20 世纪 40 年代，美国就实现了农业生产的机械化，到了 80 年代，美国又提出了"精准农业"的概念，如今，美国的智慧农业发展已经与物联网、大数据等新技术充分结合，像大豆、玉米等作物，从播种、灌溉、施肥、病虫害防治到收获预期的全生产流程已经实现了数据共享和智能决策，在世界范围内都处于领先水平。

在欧洲发达国家中，智慧农业也得到了非常广泛的应用。比如，德国农民联合会的统计数据显示，目前 1 个德国农民可以养活 144 个人，这一数字是 1980 年的 3 倍。德国人仿照"工业 4.0"的概念，对应提出了"数字农业"的概念，两者的内涵并无二致，数字农业也是利用大数据和云计算等技术，将每块田地的各项衡量数据都传输到云端集中处理和分析，并将分析结果反馈给拥有智能设施的农业机器人，通过自动化的机械手段实现精准和高效的耕种。

智慧农业

相比其他产业，农业领域的技术变革来得有些晚，但这种变革如今已经悄然开始。互联网、物联网、大数据和人工智能等技术都已经开始在农业领域生根发芽、落地结果，农业开始真正向数字化、自动化和智能化方向迈进。

一切朝向数字化变革的产业，其根本动力都来自于对各类数据的收集和传输，只有海量数据才能精准地反映农业生产中的土地状况、机器使用效率和外部环境影响，进而更有针对性地制定生产管理方案。

数据的传输需要 5G，有了 5G 的高效推动，可以在农业生产的各个环节实现及时的监测、追踪和反馈。5G 不仅是智慧农业的重要基础设施，而且变革了众多传统生产方式。

4G 已经在农业领域有了很大的应用，并且让智慧农业逐步走向现实。5G 可以更好地将智慧农业的优势体现出来，而且还能孕育出众多新的应用场景。智慧农业场景图如图 6-1 所示。业界普遍将 5G 与农业的结合成果总结为以下 4 个方面。

- 种植技术的智能化：把传统上需要人工完成的工作，如播种、插秧等，全部交由智能机器人自动完成，5G 的作用是实时准确地传输数据，保证后台技术人员对机器操作的精准把握。

- 农业管理的智能化：利用智能化设备随时监控农作物的生长状态和环境变化，比如病虫害、养分、阳光和雨水等数据，通过 5G 进行数据信息的传输，让技术人员全面掌控农作物生长健康度，并及时通过网络控制机器执行保护措施。

- 种植过程的公开化：通过网络可以观看农作物的生长全过程，可以让最终的消费者知道农作物被用的什么药，施的什么肥，生过什么病虫害，让人买得放心、吃得安心。

- 劳动力使用的智能化：因为有了大数据分析，可以精准算出一亩地、一片果林可以占用多少劳动力、多长劳动时间，可以做到准确的资源配置，避免浪费，还可以用智能机器人替代人工完成部分操作。

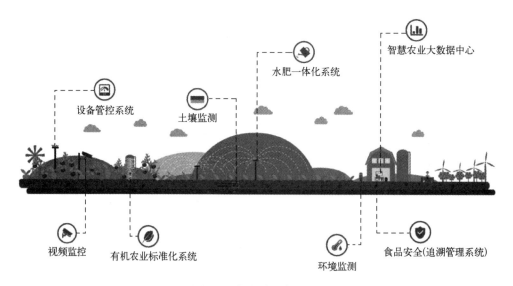

图 6-1　智慧农业场景图

无人农场：机器人可以种地了

未来当你走进一座现代化农场时，可能发现空无一人，没有汗流浃背的农民在田间辛苦劳作，取而代之的可能会是形态各异的农业机器人在田间执行各种种植操作，上空还会有无人机在监控。

而真正的农场管理者，也许正坐在远端的计算机旁边，查看前方传递过来的农作物的各类数据，通过智能分析做出决策，然后将指令发送给田间机器人，由机器人进行浇水、施肥和除虫等一系列操作。农民不再需要依靠肉眼来判断庄稼的好坏，不再依靠双手来完成每一个动作，一切都由精密的机械来完成，无数数据在空中实现高速交互。

5G 让农场变成无线网络的一个节点，用于农业数据的采集和传输，并依托智能机器人来完成耕种。

无人机将在 5G 时代得到广泛应用。据分析，2019 年中国民用无人机市场规模约为 200 亿元，预计 2020 年市场规模将超 360 亿元。未来无人机在 5G 网络技术的支持下，将构建一个丰富多彩的"网联天空"。

- 网联化：基于一张承载无人机和 MBB 用户的全连接网络，推进无人机网络连入蜂窝网络，实现无人机安全飞行，激发更多网联无人机应用。
- 实时化：5G 网络下，区域无人机全连接类场景应用。
- 智能化：通过 5G 网络+AI 技术实现无人机的自主作业，彻底实现 7×24 h 无间歇作业。

农用无人机更被认为是引领 5G+农业的一个突破口，其最重要的应用场景就是利用无人机对农田作物进行巡查，看看水位到了哪里，有没有病虫，化肥够不够等。过去需要农民几个小时甚至几天完成的工作，无人机在短短的几分钟就能做到。

相比于传统的农用飞机和大型无人机，植保无人机更方便，可以实施全地形高效率的植保工作。中国有 18 亿亩农田，需要做大量的植保工作，比如喷洒农药。有了无人机，结合 5G 技术，可以实现精准化的喷药，降低农药的使用量。而且通过对农作物病虫害实施智能化监测，汇总土壤信息、作物信息、气候信息以及农户信息等数据，可以提供三维地理信息服务，以解决不同地形的植保难题，有效提高农业生产效率。

据统计，我国植保无人机保有量从 2014 年的 695 架增至 2018 年的 3.15 万架，作业面积从 2014 年的 28.4 亿平方米次增至 2018 年的 1780 亿亩次。结合 5G 高速通信技术，植保无人机高效、智能，而且经济实惠，成为我国农业行业的新宠。预计到 2020 年，我国植保无人机市场规模有望增长至 300 亿元。

无人机相当于为农业提供了"天眼",但地面上的具体操作还需要农用机器人来完成。农用机器人能够解放大量的人工劳力,在最基本的农场巡检领域,以往需要耗费很多人工。但人毕竟精力有限,有疲倦的时期,不可能一天 24 h 连轴工作,由机器人替代巡检,不仅能降低成本,而且还能提高巡检的精准度。

穿梭于农田之间的机器人,配有感应器和摄像头,可以负责农药喷洒、收割以及装卸等工作。机器人不知疲倦,可以每天工作 24 h,同时配合 5G 技术将农作物的数据实时传输给后台,以便技术人员分析使用。

目前已经开发出来的农业机器人都具备了一定的自我学习能力。在农场中连续采集各类数据,根据既定的算法,让机器人保持连续学习的能力,相当于变成最熟悉农场的"监工",在判断病虫害等方面起到非常重要的参谋作用。

除了最基本的判断病虫害外,农业机器人还可用于播种。播种是一项非常具有技术含量的工作,因为播多少种需要计算得很精准,既耗时又耗力。但播种机器人可以利用大数据,将农田土壤、阳光以及水分等各项要素进行数据化分析,准确计算出播种需要的数量、深度和间距,实现量化播种。

通过智能化设备,可以让农场在无人状态下自动监控温度、湿度等各项指标,并随时进行调控,比如自动供水、清除障碍物、收割等工作。在 5G 的帮助下,即使没有农民在场,整个农场也能保证最佳的生长环境,提高了劳动生产率和农作物的质量。

种植工厂:种菜就是流水线生产

如果工厂可以完全实现自动化生产,那么农场是不是也可以实现自动化种植呢?

只需一台计算机,农民在家就可以种粮食、种菜。5G 网络让农业生产方式得以彻底颠覆和创新,从人工耕地走向了人工智能种植。种植一种作物,就像在工厂车间生产线上,各个环节都设置妥当,将植物生长所需要的阳光、温度、湿度、风向及风力都调控到位,后台只需人工操作一下,机器就可以对植物进行浇水、施肥等工作,整个过程全部实现自动化。

种植工厂出产的蔬菜、水果，比传统大棚种植的更加绿色健康无公害。这也是人们力图用科技手段改进生产方式的初衷。当然，这种种植工厂的理念目前还比较超前，在落地时候必须考虑成本因素，前期投入将会比较巨大，消耗很多资源。但随着新技术的成熟，种植工厂也将会和工业领域的未来工厂一样，全部实现智能化和自动化。

种植工厂是现代农业科技发展的高级阶段，属于高投入、高技术和精装备的生产体系，集生物技术、工程技术和系统管理于一体，将传统的农业生产变为可以掌控和改变的工厂生产，可以制定生产计划、掌握生产节奏、消除不可抗力影响，是非常有前景的发展形态。

从产业发展阶段来看，小农作坊式的零散生产经营模式，最终都会被大规模标准化生产所取代，之前的工业革命已经让生产制造业完成了这种进阶，如今 5G 和人工智能等新技术又让规模化标准化生产逐渐走向自动化和精准化的更高阶生产阶段。

种植工厂的理念背后，反映的是农业生产正在一步步复制工业生产的轨迹。只不过在一系列新科技的推动下，农业生产模式将第二步和第三步合在一起，规模化、标准化融合自动化和智能化，演绎出了种植工厂这种新事物。

信息化技术与传统农业结合的热点领域之一是种植工厂，通过利用智能计算机和电子传感系统，打造高精度环境控制系统，对植物生长的温度、湿度、光照、CO_2浓度以及营养液等环境条件进行自动控制，使工厂内植物的生长发育不受或很少受自然条件的制约。

第一家植物工厂诞生在丹麦，兴起于日本，2018 年 12 月，北京京东世纪贸易有限公司（以下简称京东）与日本三菱化学控股集团合作建设种植工厂，让种菜成为流水线一般的生产模式，采用无土栽培、立体化栽培的方式，工厂控制好温度、光照、风向和风力大小等因素，农民只需按键就可以给植物进行浇水、施肥等一系列活动，整个过程完全是自动化操作。在 5G 网络的运营下，种植工厂这种模式有望会扩大发展。

荷兰威斯康（Viscon）集团的水培蔬菜工厂项目中，蔬菜采用水培技术生产，整个生产过程全部在智能温室系统中进行，内部配置有智能立体催芽系统、智能播种系统、智能移栽育苗系统、循环控制系统、智能水肥系统和智能收割系统等，从而实现蔬菜种植的标准化、智能化和规模化。工厂化蔬菜种植年亩产可达 30~40 吨，国内蔬菜土地种植的年亩产是 2~3 吨，国内水培技术年亩产是 6~8 吨，可见，工厂化蔬菜种植的效益非常高。

精细养殖：吃饱吃好吃出营养

科技带给农业的改变，不仅体现在种植上，还可以应用在养殖上。

根据国家统计局资料显示，中国主要的食用肉类包括 4 种：猪肉、牛肉、羊肉和鸡肉。猪肉是肉类供应的主体，占比超过总产量的 60%。中国是猪肉生产大国，也是猪肉消费大国，对于猪肉的品质自然需要有过硬的保证，但是猪是杂食性动物，传统饲养环境普遍不卫生，非常容易感染疾病。2018 年 8 月，沈阳首次发现了非洲猪瘟，随后迅速蔓延全国各地，为了控制疫情，上百万生猪被捕杀，给养猪户带来不可估量的损失。

为了防止下一次疫情暴发，同时也为了给社会提供美味健康的肉品，养猪产业，需要加强智能化和精细化的养殖探索，用科技手段有效提升养殖效率，实现智能养猪。

5G 的引入，将传统粗放型的养猪转为精细型，比如通过 5G 对猪仔的生长过程实时监控，在猪身上安装健康检测器，能够实时监测猪的体温、心率等生理指数，而且还可以监督猪平时的运动情况、进食情况以及排汗情况等，提前预判出疾病发生的可能性，向管理员发出预警信息，做好防护准备，将大病化小、小病化无，排除大规模流行病发生的概率，将患病损失降至最低。

监控不仅在猪本身，也可以通过在猪舍安装物联网感应器，全方位监控猪舍的温度、湿度以及空气质量等各项指标，随时随地采集和分析数据，对一些环境异常指标做好预警，并提前对猪舍相关的设备进行遥控调节，改善猪舍生活状况。

当然，结合智能机器人还可以对猪进行疫苗注射，一方面节约人力成本，另一方面减少人与猪的接触，防止可能产生的传染性疾病。如同种植工厂，未来养猪场也会变成无人化和自动化，一切现场操作都可以通过机器人来完成，而饲养员则可以端坐于计算机旁，通过监控画面来了解猪舍的全部状况。

目前，互联网公司已经率先尝试用科技手段来解决养猪领域的这些问题。网易公司（以下简称网易）是科技养猪的先行者，网易味央用 RFID 耳标作为主要监控设备，通过严格监管，引进新技术提高猪肉品质。阿里巴巴网络技术有限公司（以下简称阿里巴巴）

则利用 ET 大脑，通过图像识别、声音识别等新技术分析猪的行为特征、体重、进食情况以及运动情况等来提高猪仔存活率，保证料肉比等。

传统的人工养殖与智能精细养殖方式的对比如下。

- 传统人工养殖：需要人工喂养，消耗大量人力；人工清理养殖屋舍的卫生，容易造成污染；凭借人工经验判断牲畜的发病期和发情期等关键期时间，诊断不精确；通过打针、吃药等方式治疗疾病，缺乏事前疾病防控能力。

- 智能精细养殖：安装自动化喂养装置，按需添加饲料；通过监控设施和随身装置感知牲畜的生理变化，提前做好精准化管理预案；实时监测，预测发病期和发情期等，提高生产率和存活率；对养殖屋舍的温度、光照以及空气等指标进行自动化调节，设置最佳生长环境，提高健康度。

数字农业：透过数据洞察作物

一切智慧农业场景要想实现，前提条件都是要采集海量的数据信息，能够尽可能地描绘出该场景下农业生产的各种特性指标，然后才能够依据对这些数据的分析做出科学精准的决策。

比如通过智能化的监控系统和传感器，可以采集有关土壤温湿度、酸碱度、养分以及气象信息等数据，实现提前预测灾害的可能。将此类数据通过 5G 网络传输给后台技术人员，在此基础上做好针对性的灌溉、施肥和耕作等控制，达到科学精准的农业管理。

我们之前提到的各种智慧农业的应用场景，比如无人农场、种植工厂和精细养殖，其背后都需要一个先进的数据服务平台。通过无人机和在一线安装的传感器、摄像头等设备，采集影响农业作物生长的各项指标，并通过 5G 高速传输到数据服务平台，运用云计算和人工智能技术，进行深入分析和可视化展示，对可能的病虫害、疫情以及产量等进行精准预测和应对。

实现数字化种植、养殖的农业大数据，主要依靠传感器进行收集，包括土壤温湿度、空气温湿度、光照强度以及灌溉量等数据，通过小基站将数据集成，运用无线网络进行传输，将集成后的数据传输到大基站中，然后将数据存储到云上。通过对云上的数据进

行分析以及模型构建等操作并在终端实时显示来对作物生长进行精准管理，如图 6-2
所示。

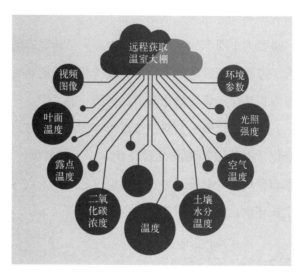

图 6-2 农业大数据

一切都离不开数据，而数据的传输离不开 5G 的应用，因此，在 5G 到来之前，很多
智慧农业的场景，要么停留在纸面上，要么受限于网速，功能大打折扣。中兴通信曾经
在荷兰做过一个 5G 智能农业外场商用演示。通过无人机对马铃薯农场进行高清照片拍摄
和采集，并通过 5G 移动网络实时将采集的照片回传至服务器，以精确的方式实时对马铃
薯作物进行适当的保护，整个采集回传所用时间从之前的两天缩短至两个小时。

在智能化温室控制场景中，温室需要运用系统模拟出种植的各类蔬菜、水果所需要
的外部环境特征，比如温度、湿度、光照、空气以及养分等。以此来保证温室的产量以
及果蔬的质量。5G 可以帮助智能化温室更准确、更高效地传输数据，以培养优质的农业
产品，获取更多的经济利益。5G 的确让智慧农业乘上了东风，快速地普及开来。

5G 时代下的未来农业，农场将布满传感器，用来收集数据以反馈给机器。农民只需
坐在计算机前便可以查看农作物的数据，并根据采集的数据做出相应的决策，使种地变
得更加便捷。5G 将让农民更有效地种植更多的作物，获得更高的产量和更高的利润。

第 7 章

5G+医疗：无所不在
的健康卫士

认 识 5G+

普惠医疗：5G 让看病更方便

目前，我国存在医疗资源的供给与需求不匹配的矛盾。

简单来说，一方面，人均寿命越来越长，全民对医疗的需求持续攀升；另一方面，医疗资源供给相对不足，分布不均衡等问题短期内难以改变，导致医疗压力持续增大。

先看医疗需求，根据有关数据显示，2017 年和 2018 年，我国的卫生总费用同比增速达 13.49% 和 10.2%，超过了 GDP 的增速，这个增速说明大家看病越来越多，花费也越来越多。相比和我国处于相似发展阶段的其他国家，我国的卫生总费用占 GDP 的比重也较高，2018 年达到 6.6%。

现在生活节奏快、工作压力大等原因，导致人们慢性病的患病率也在上升，使我国长期的医疗需求和医疗成本上升，对现有医疗和保健资源的需求急增。

我国的医疗资源供给相对不足，而且还不均衡。截至 2019 年底，我国每千人执业（助理）医师数仅为 2.44，而在欧美发达国家每千人执业（助理）医师数达到 4。医生数量不足，无法满足持续增长的病患需求。

通过引入 5G 等先进技术，能够让医疗模式本身发生很多变革，比如带来更多的创新应用，在局部领域能够缓解这种不匹配问题，帮助老百姓更好的就医。

5G 就是在这个背景之下，被引入医疗领域。

医疗是 5G 应用落地最适合的行业之一。5G 具备高速率、低时延、多连接三大特性，分别对应 eMBB（增强移动宽带）、URLLC（高可靠和低时延通信）和 mMTC（海量机器类通信）三大应用场景。这三大特性可以为医疗行业提供很多落地方案。

- eMBB：可以提供 5G 高清视频传送，适合在远程进行急救任务，比如急病患者在救护车上就可以通过网络视频被救助，实现患者"上车即入院"服务，争取尽可能多的抢救时间。即使不是急救，医生平时也可以对病人进行远程的观察问诊，就像病人在眼前一样。

- URLLC：低时延适合进行远程手术以及重症监护，比如在 ICU 病房的医护人员，可以在后台收集病人的生命体征信息，实时进行监控和反馈，减少来回往返耽误的时间。低时延也能够保证一些需要及时反映的医疗场景，消除现有远程检测的医生和患者之间的物理距离。

- mMTC：这是最适合对设备进行联网监控的功能，尤其是现在大型医院的医疗器械设备非常多，但管理人员是有限的，通过 5G 进行统一的接入，可以实现在线监控设备情况，统一后台管理，有效收集数据，节省人员成本。

如果结合人工智能、大数据和云计算等技术，医疗行业还能够创造更多的应用场景，比如智能辅助诊断、远程会诊、药物研发和健康管理等，使医疗活动成本降低、治疗效果增强，并为医疗相关产业带来了新的变化，创造出更多的智慧医疗产品服务。不同医疗场景对 5G 的要求如图 7-1 所示。

智能医院：替代人类医生

5G 与 AI 技术的结合，将会催生出更多的智慧医疗场景服务，包括医学影像分析、病历与文献分析、辅助诊断、药物研发、健康管理和疾病预测等，可以说未来的医院将会是一家充满智能化设施的医院。

未来当我们走进一家医院时，会发现有专门的机器人负责给我们挂号并导诊，还会有机器人为我们做基本的身体检查，比如拍摄 X 光片、抽血化验和 B 超检查等，甚至可以根据检查结果对病情做出预判断，辅助医生最终确认，全部过程可能见不到人在操作。

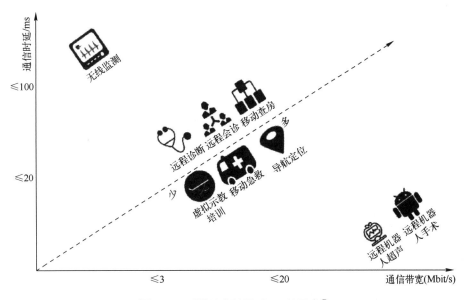

图 7-1　不同医疗场景对 5G 的要求[⊖]

目前，全球各大电信运营商已在积极部署 5G，实现智慧医院建设。如美国 AT&T 与拉什大学医疗中心合作，帮助芝加哥医院进行 5G 网络建设，该项目在 2019 年 1 月启动，旨在将芝加哥医院打造成为全美第一家支持 5G 功能的智慧医院。Vodafone 与巴塞罗那的 Clínic 医院合作，开展基于 5G 的远程手术试验。

科技的发展永远是为了让人更方便地获得产品和服务。借助 5G+ABC 的综合作用，国内外科技巨头在智慧医疗领域已经取得了显著成效。

IBM 在 2006 年启动 Watson 项目，2015 年成立了 Watson Health，专注于利用认知计算系统为医疗健康行业提供解决方案。Watson 通过和一家癌症中心合作，对大量临床知识、基因组数据、病历信息和医学文献进行了深度学习，建立了基于证据的临床辅助决策支持系统。目前该系统已应用于肿瘤、心血管疾病以及糖尿病等领域的诊断和治疗，并于 2016 年进入中国市场，在国内众多医院进行了推广。

谷歌旗下的 DeepMind Health 和英国国家医疗服务体系 NHS（National Health Service）展开合作，DeepMind Health 可以通过访问 NHS 的患者数据进行深度学习，训练有关脑部癌症的识别模型。

⊖　《2019 5G+医疗健康专题报告》，动脉网蛋壳研究院。

微软将人工智能技术用于医疗健康计划"Hanover",以寻找最有效的药物和治疗方案。此外,微软研究院有多个关于医疗健康的研究项目。Biomedical Natural Language Processing 利用机器学习从医学文献和电子病历中挖掘有效信息,结合患者基因信息研发用于**辅助医生进行诊疗的推荐决策系统**。

2016 年 10 月,百度率先推出了"百度医疗大脑",对标谷歌和 IBM 的同类产品,"百度医疗大脑"的出现标志着我国人工智能技术正式应用到医疗领域。"百度医疗大脑"是通过医疗数据、专业文献的采集与分析进行智能化的产品设计,模拟医生问诊流程,与用户交流,依据用户症状提出可能出现的问题,并通过验证给出最终建议。目前,百度公司已经开发出"智能分导诊""AI 眼底影像筛查"和"临床辅助决策支持系统"3 个"AI+医疗"产品服务。

2017 年 3 月,阿里巴巴推出了"ET 医疗大脑"。"ET 医疗大脑"可以辅助医生判断甲状腺结节点,并给出良性或者恶性的判断。同年,阿里健康推出了医疗人工智能系统"Doctor You",该系统包括临床医学科研诊断平台、医疗辅助检测引擎以及医师能力培训系统等。

在 2017"互联网+"数字经济中国行·广东峰会上,深圳市腾讯计算机系统有限公司(以下简称腾讯)正式发布了首个"医疗+人工智能"研发成果"腾讯觅影"。同年,"腾讯觅影"入选国家首批人工智能开放创新平台。

智慧医院(见图 7-2),正在一步步实现。

图 7-2 智能医院

───────────────

⊖ 《以人为本,人工智能助力医疗体系科学发展》,罗兰贝格管理咨询公司(以下简称罗兰贝格)。

健康管理：随时随地的"护理员"

随着生活水平的提高以及国家对家庭医生、慢病防治、健康生活等方面的支持，人们对于健康服务的需求，正在从过去的"以治疗为主"逐渐转化为"以预防为主"，越来越多的人开始主动参与健康管理，希望获得更多全周期、多方位的健康管理服务。

传统的医疗路径为"患病后治病"，而在未来的医疗健康生态体系下，健康管理应当是贯穿诊前、诊中和诊后全生命周期的专业化精准服务。健康管理更加注重诊前疾病预防，并通过预防性筛查和重点关注高危人群，帮助人们长时间保持健康，也能够以成本更低但更有效的方式管理慢性病，为不同人群提供不同的健康方案。

人们对健康愈发重视，要求能够享受到更加全面及时的健康监测。大家都希望能够有一位随时陪护在身边的"健康顾问"，不仅可以实时收集分析个人的健康数据，还具备一定的医疗专业技能，能够为我们量身定制一套合理的健康管理计划。

如何实现健康管理呢？

不可能给每个人都安排一位护理员，只能依靠技术手段来为每个人创造一位时刻陪在身边的虚拟"健康顾问"。

这就需要有贴身的健康监测硬件设备，能够监测到我们每一刻的体征数据。最传统的应该就是血压计、血糖仪这类家用医疗健康设备了。如今，这一类基本的医疗健康设备已经走进了千家万户，但这类设备往往缺少通信功能，监测的数据无法传送到云端数据中心，更无法进行复杂的后台分析，起不到真正意义上的健康管理作用。

5G 的高可靠、低时延的特点能更好地支持医疗设备连续监测个人的健康数据，让设备和数据中心实现互联，传递的数据可以被医生分析和判断，为未来的治疗提供长期诊断依据。

远程监测实现后，再加上人工智能技术，那就是完美的"健康顾问"了。

人工智能将收集到的健康数据进行计算，对不同个体的健康特征进行画像，最重要的是，它不仅仅能记录每时每刻的数据，而且能够从中初步判断出个人有什么健康隐患，可以为我们进一步提供基础的预防指导，就像身边有一位贴心的护理员一样，时刻注意自己的身体状况。

有了这么一位细心周到的护理员的最大好处就是，我们可以将健康护理从医院转移至家庭中，把被动的疾病治疗变成主动的自我健康监控，配合未来各种各样的健康设备，对自身进行长时间的实时监测以及数据管理分析。

远程医疗：看不见的"神医"

在一个人潮涌动的景区门口，一位游客突发疾病，晕倒在地，生命垂危。几分钟后，一辆医疗救护车赶到现场，医护人员迅速将病人抬上车。在赶往医院的途中，医护人员在车上为病人第一时间完成了 CT 检查，并将 CT 影像和电子病历信息等数据实时传输给远方的医院专家会诊现场。会诊现场的医生们根据传来的数据信息对救护车上的医护人员进行了远程急救指导，而且，还通过车上的高清直播对一些疑难问题进行具体诊断，与车上的医护人员完成互动交流。

整个急救过程的信号传输没有延迟和卡顿现象，仿佛病人就在医院急救室、在专家们的眼前一样。病人虽然没有到达医院，但急救时间一刻也没有延误，成功度过了危险期。

5G 网络为病人争取到了极其宝贵的急救时间，将传统的急救地点由医院前置于病发现场，最大程度地提高了急救成功率。

但是有了 5G 远程高速传输技术，病人在基层医院就能够获得权威医生的诊断。借助医疗视频系统，患者和医生可以实现在线视频对话，同时还可以通过系统平台传送患者的电子病历、影像资料以及化验报告等相关数据信息，辅助另一端的医生进行确诊。

如果遇到一些疑难杂症，单一科室无法确诊，也可以通过网络连接多个科室的医生实现远程会诊，结合智能化的辅助诊断工具，对基层的医生进行指导，提高对方的诊断水平。

在 2018 年云栖大会上，中国联通、阿里云、京东方等企业创造性地完成了首个 5G+8K 视频技术在远程医疗上的应用展示，标志着 8K 超高清直播技术实现商用成为可能。

远程诊断运用的核心技术是高清视频通话技术，现阶段还是 1080P 的高清视频设备，未来会出现 4K、8K 等超高清视频设备，传输速率在 20 Mbit/s，当前的网络已经无法满足，只有 5G 的速率才能满足这些需求。

5G 数据传输速率能达到 10 Gbit/s，足以支撑起远程会诊的要求。有了高清的视频设备，就能让相隔千里的患者和医生，如同面对面坐在诊室一样，详细地交流病情，进行准确的病情判断。而且 5G 低时延的特性还能够保障这种病情交流的顺畅和高效性。

一旦有了高清视频通话系统，让远在天边和近在眼前的呈现效果一样，远程会诊就不再是唯一的医疗需求了。还有比这个更加神奇的场景——远程机器人手术。

如果患者身处外地，需要一次高水平的手术治疗，而医生又无法现场操刀，那么这个时候，专用的手术机器人就可以派上用场了。远程机器人手术也是基于通信、传感器和机器人技术，由医疗专家根据手术室的视频和反馈信息来远程操控机器人开展手术治疗服务。

如今一些大型医院已经引入了部分手术机器人来替代和辅助医生做一些简单的手术治疗。但由于没有 5G 网络提供高速率、低时延的传输，这些机器人不能为远程患者进行手术。健康监测和远程医疗示意图如图 7-3 所示。

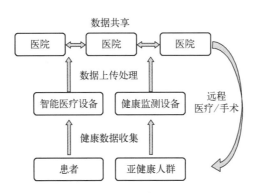

图 7-3　健康监测和远程医疗示意图

远程手术对机器人、医生和网络传输三者的要求都很高，比如医生需要佩戴 3D 眼镜等设备实时观察手术现场画面；机器人的机械手臂要足够灵敏和精准，并且手术全程的每一步操作都需要医生通过网络视频传输进行观察和指导，这些都对传输速率有非常高的要求。

5G 拥有网络切片技术，可以按照手术的要求设置专属的通信网络通道，有效保障远程手术网络传输的稳定、安全和实时。想象一下，如果这种远程手术技术能够推而广之，在一些战区、灾区等特殊环境将会有着非常广阔的使用前景，可以让患者和伤者第一时间获得手术治疗，同时可以下沉大量的优质医疗资源，降低患者就医成本。

2019 年 3 月 20 日~21 日，河南移动联合郑州大学第一附属医院、华为在郑州东区龙子湖智慧岛成功实现国内首次 5G 远程会诊测试。期间通过 5G 网络，急救车在移动状态下与郑州大学第一附属医院国家远程中心连线两路 1080P（30 F/s）高清视频，实现了医院与急救车内的音视频交互，辅助医院实时对急救现场进行远程救治指导。

2019 年 6 月 27 日上午，北京积水潭医院田伟院长在机器人远程手术中心，通过远程系统控制平台与嘉兴市第二医院和烟台市烟台山医院同时连接，成功完成了全球首例骨科手术机器人多中心 5G 远程手术。

智能诊断：让机器为我们看病

如果只选一个应用场景来说明新技术对医疗行业的改变，那就是通过 AI 技术自动识别医学影像了。

现代医学做出诊断需要有相应的临床数据作为依据，其中医学影像是重要的临床诊断依据。比如在门诊中，当大夫询问患者一些基本情况之后，经常会要求患者去拍一个 X 光片，然后才会根据 X 光片做出判断，开具药方。

有关数据统计，我国每年医学影像检查量涨幅为 30%，而影像科医师人数只增长 4%，一方面给医院和医师造成了巨大的压力，医师在重复、单调的阅片工作中容易出现疲劳、漏诊等现象；另一方面中小医疗机构缺乏具备诊断能力的影像医师，造成可拍片但无人写报告的局面。

这个时候，人们自然会想到该利用科技手段来让机器代替人去阅片。当前 AI 技术的发展已经可以大批量、快速处理各类图像数据。在医疗领域，AI 技术能够通过自动识别医学影像对相关疾病做出筛查和辅助诊断，为医生节省了大量重复性的工作。

以胸部 CT 阅片为例，传统方法需半小时，AI 技术只需要几秒。因此，AI 技术可以极大提升医学影像用于疾病筛查和临床诊断的效果。

　　在这过程中，5G 发挥了很重要的作用，5G 可以提升 AI 技术的处理能力，使之能够更加精准、快速地处理海量医学影像数据，更高效地辅助医生阅片和靶区勾画。

　　如今医学影像已经成为智慧医疗最热门、应用最成熟的场景之一。Signify Research 预计，到 2023 年，全球医学影像人工智能市场规模（包括自动检测、量化、决策支持和诊断软件）将达到 20 亿美元。

　　百度推出的灵医智惠 CDSS 系统能够覆盖 27 个标准科室，具备超 4000 种疾病的推断能力，作为基础诊疗助手可以避免误诊、漏诊，提供经典治疗参考。在实践过程中，通过医学专家与计算机知识工程专家合作构建的专业的医学本体，不仅包含了传统的实体、概念、属性和关系的表示，还引入了规则和函数的超越三元组的知识表示，从而为医学复杂形态的知识提供了强大的表达及可计算能力。在医学 Schema 层面，其覆盖了数十种精细化语义颗粒实体类型及数百种关系定义，并具备容纳多套医学标准的能力。

第 8 章

5G+教育：让知识
更懂你的胃口

认　识　5G+

未来教学：超越"乔布斯之问"

苹果公司的创始人乔布斯曾提出一个所谓的"乔布斯之问"："为什么计算机几乎改变了所有领域，唯独对学校教育的影响小到令人吃惊？"对于这个问题，美国前联邦教育部长邓肯给出了自己的答案：原因在于"教育并没有发生结构性的改变"。

什么是教育的结构性？

教育始终围绕着三个因素：学生、教师和学校，三者之间的相互关系模式构成了教育的基本结构。学生进入学校接受教育，提供知识的是教师，接受知识的是学生，学校是进行教育活动的载体。

在几千年的人类文明史中，教育结构曾经发生过质的变化，那恰恰是发生在工业革命之后的近代社会。如今，随着 5G+ABC 新技术的崛起，教育结构正在又一次逐渐发生改变，二百多年来我们习以为常的形态逐渐开始瓦解，慢慢地将会出现越来越多难以想象的新的教育场景。

在工业革命之后，教育结构曾发生过一次彻底的变革。由于工业化生产需要细致的分工，因此出现了众多在农业社会不曾有过的工种和职业，而每一个职业都是高度专业化的，对技术有着非常高的要求。大规模的生产需要大批量的技术工人参与，对于学生的需求数十倍甚至数百倍于农业社会。

高度专业化的技术要求和对批量生产的迫切需要，使教育这一知识传授方式，在近代发生了彻底的变革，从一对一的师承关系，变成了机械化、标准化的生产关系。这其中，知识被作为一种"原材料"，分门别类地形成不同的学科，而学生作为一种教育工厂生产的"产品"，在"原材料"的"输入"下大批量的快速产出。

随之而来的便是大量学校的建立，一批批的学生在统一的教室里面，集体"输入"被处理过的知识信息，学校严格按照一种标准化的考核方式筛选出合格的人才交给社会使用。学校成为专业人才的"加工厂"，教育成为模式化的"生产线"，没有了因材施教，取而代之的是统一的课本、统一的考试、统一的评判标准。一切的一切，为的是满足于工业化大生产的发展需要，即标准化、高效率以及大规模地生产出所有的文明成果，包括具备专业知识和技术的人。

但是工业化的教育模式也存在很多问题，比如并没有因人而异、因材施教。出于对竞争和发展的需要，教育已经不再是所有人在任何时间都能够接受的一种普遍服务，而是变成了强调层级化、阶段化和功能化的产物。

- 层级化：现代教育分为学前教育（幼教）、K12 教育（小学到高中）、高等教育（大学）和成人培训（工作后），因为教育资源有限，需要通过考试来筛选出少数人接受更高层级的教育，间接导致很多人无法接受教育服务。

- 阶段化：为了最大限度地保证让更多的人接收到基本的培训，每个人的受教育年限被严格控制。时间一到，就必须离开校园，步入职场。我们在学校学习的时间被严格限制在一定的年份里，不能无限期享有教育资源。终身学习的想法实现起来颇为困难。

- 功能化：工业化带给我们的是快速的节奏感，一切都要更快、更强。因而我们的教育内容越来越注重实用性和技巧性，我们的知识也越来越体现出工具性和问题导向，教育方法和教育内容都显得枯燥，过于模式化和功利化。

长久以来，教育行业存在着一些问题，由于社会经济发展水平、历史、地理和人员思想等因素，各国、各地区间的教育水平并不平衡，这些都需要通过改革创新来完善和提升。

改革创新，首当其冲是引入新的技术手段来弥补和修正这些问题。教育信息化是长期发展的重点方向，新技术的飞速发展和广泛应用深刻影响着教育观念、教育手段和教育模式的变迁。

借助新一代信息技术打造智能化、感知化和泛在化的教育新模式，通过个性化、精细化和沉浸式学习教学，提高教学效果，提升学习效率。在 5G+ABC 等技术的影响下，教育逐步从传统教育向智慧教育变革，开启了教育信息化 2.0 时代。

技术如同鲶鱼，在推陈出新的同时，也悄然间会对原有的体系结构产生变革，也许，5G 就是推动教育结构二次变革的"一条鲶鱼"，让智慧教育实现的同时，也能很好地回答"乔布斯之问"。智慧教育产业结构如图 8-1 所示。

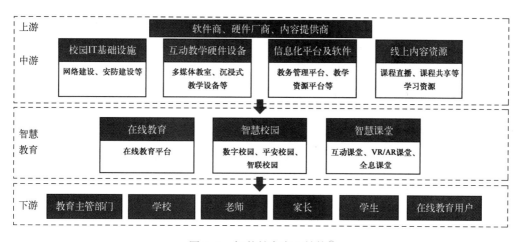

图 8-1　智慧教育产业结构○

远程教学：不出门可知天下事

信息通信网络对教育行业最直观的改变是打破了固有的地域限制，让受教育的机会不仅仅局限在课堂现场，而是能够延伸到任何一个地方，只要有通信和互联网，就可以将原本深藏于校园之内的知识，传播给校园之外任何想学习的人。

远程教育可以将大城市里的优质教学资源和内容，向欠发达地区的学生进行投放。在以往，很多偏远地区的学生为了能够接受更好的教育，只能利用假期到城市中去学习，

○　《2019 年中国智慧教育行业市场发展及趋势研究报告》，前瞻产业研究院。

这期间的交通、住宿和学费等花销相当大，更大的问题是，一旦结束学习返回家乡，遇到问题就没有合适的老师给予指导，学习效果会受到很大影响。

如今，远程教育给出了一个新的教育模式，学生不必都涌向一个地方，在全国各地都可以学习到像北京等地重点学校的精品课程。目前最主要的是"5G+4K 远程教学模式"。4K 是新一代电影的分辨率标准。平时我们在家里看的高清电视分辨率为 1080P，具有 207 万像素；而 4K 则达到了 4096×2160 分辨率，在 4K 影院里，能看到 885 万像素的高清晰画面。

虽然 4K 已经应用多年，很多电视厂家也纷纷推出了 4K 电视机，但这种超高清画面所需要传输的数据量也是相当大，每一帧的数据量都达到了 50 MB，在远程传输过程中，对于带宽的要求自然很高。在 4G 时代，我们无法做到高速传输如此大的数据量，但是有了 5G，传输问题就能迎刃而解了。

5G 网络和 4K 显示技术相结合，授课老师在线讲解和示范的画面能够高速、高保真地传递给远方听课的学生，尤其在一些艺术类教育中（如乐器学习），学生可以清晰地看到老师的手法和技巧，还可以与老师实时进行互动，整个教学场景如同身临其境，就像师生真的面对面一样。5G+4K 技术解决了远程教育学习的痛点，更加重视学生的体验度。

5G 技术能实现优质教育资源远程分配，为教育资源分配不均的问题探索出了一种全新的解决方案。

沉浸学习：全景课堂和 VR/AR 课堂

自从电影《阿凡达》推出以来，越来越多的电影采用了 3D 和 IMAX 技术，电影不仅仅是在讲述一个故事，还会带给我们视觉上前所未有的观影震撼。试想一下，如果某一天，我们在科幻电影中看到的那些极其炫目的科技场面以及如超人、蜘蛛侠等飞天遁地的英雄人物突然出现在我们的面前，分不清是真实还是虚幻，这将会是怎样的一种视觉冲击和感官震撼？

2016 年，业界最热门的词汇是 VR 和 AR，前者指的是虚拟现实，后者指的是增强现实，虽然技术属性不同，但对于消费者而言，都是将虚拟和现实相互融合的新技术。

- 增强现实（Augmented Reality，AR），是一种实时地计算摄影机影像的位置及角度并加上相应图像、视频和 3D 模型的技术，这种技术的目标是在屏幕上把虚拟世界套在现实世界并进行互动。

- 虚拟现实（Virtual Reality，VR），是一种可以创建和体验虚拟世界的计算机仿真系统，它利用计算机生成一种模拟环境，是一种多源信息融合的、交互式的三维动态视景和实体行为的系统仿真，使用户沉浸到该环境中。虚拟现实沉浸体验阶段如图 8-2 所示。

图 8-2　虚拟现实沉浸体验阶段[⊖]

随着 5G 和人工智能技术的发展，VR 和 AR 有了更多的应用领域，众多科技巨头都在探索和研究。比如 5G 的高传输速率可以解决 VR 游戏的一个痛点——眩晕感，能够重新激活 VR 游戏产业；5G 下的 VR 直播能够让直播视频 360° 全景呈现，并且切合观众实时控制视角、高清自由缩放比例的需求。

对于教育行业而言，这类技术的出现，将为学生和老师创造一个前有未有的全新教学体验。以前老师上课都是讲 PPT，用的是投影仪，看起来比较枯燥。通过 VR/AR 技术，可以将难以讲解的、无法亲身感受的教学场景，变成高仿真、可视化，可以身临其境感受和参与的虚拟场景，让学生通过感官来体会书本上描写的内容，让原本静静躺在书本上的文字、表格、图片及流程变得形象和生动，提高教学质量，降低教学成本。

⊖　《2019 年工业虚拟现实应用场景白皮书》，中国信通院。

为了保障教学效果和用户体验，VR/AR 对网络带宽和时延的要求更高，只有 5G 网络可以满足。伴随大量数据和计算密集型任务转移到云端，未来"Cloud VR+"将成为 VR/AR 与 5G 融合创新的典范。凭借 5G 超宽带高速传输能力，可以解决 VR/AR 渲染能力不足、互动体验不强和终端移动性差等痛点问题，推动 VR/AR 在社交娱乐与教学媒体行业的广泛应用。

全息意思是完全信息，一种是光学意义上的全息，另一种是投影呈现领域的全息。其中，光学意义上的全息是利用光的干涉原理将整个物体发射的特定光波以干涉条纹的形式把物体的全部信息记录下来，并在一定条件下形成与物体本身很像的三维图像；投影呈现领域的全息则是利用光学传输特点，使数字影像在"空中"呈现，从而实现与真实物体在视觉空间上的"虚实融合"。

2015 年春晚上，全息技术给电视机前的观众带来很大的视觉震撼。通过特效技术实现多个"分身"的歌手李宇春，在观众面前同台表演《蜀绣》节目；邓丽君和周杰伦的隔空对唱也采用了全息技术。

全息技术就像 VR/AR 技术一样，已经开始运用到诸多领域。在教育领域，学生可以带上全息眼镜走进所学习的环境中，去身临其境地接触以前无法看到的场景。

远程教育只是通过传输画面让学生听老师讲课，无法近身模拟学生在现场听讲的感受，当老师在做实验课时，远程视频只能让学生观看，而无法使学生获得更加立体化的体验，就像隔靴搔痒，总感觉差了一点意思。而这些在全息课堂都可以得到解决。

比如在讲解比较抽象的立体几何时，用全息技术可以将任何几何图用三维方式呈现出来，实现 360°无死角展示，帮助学生突破思维和视觉的局限，激发想象力。在生物实验课堂上，学生只需戴上一副眼镜就可以"走进"人体内部，近距离观察人体组织结构、器官和骨骼等，感受与课本上不一样的实验课。

VR/AR 课堂和全息课堂最大的优势就是"沉浸式体验"，可以有效提高用户的知识感知度和保留度，有效提高教育质量。在国内，一些学校与电信运营商、设备厂商合作，已经开始了 VR/AR 课堂和全息课堂的探索。

2019 年北京教育装备展上，威尔文教公司展示了"VR 超感教室"，基于"5G+云计算+VR"打造了便捷高效的端到端云计算平台，构建了 VR 智能教学生态系统。但由于技术难度、成本等多方面原因，目前在国内应用相对较少。未来，随着云端的技术持续突破，这一局面将得到改变，具有技术先发优势的企业将能更快地抢占市场。

智慧教育：5G+AI 打造个性化学习平台

AI 技术是颠覆传统教育模式的一把利器，传统教育模式中以教师和课本为中心，教师是知识的传播者，学生是知识的接受者，知识传播是单向的，没有针对学生自身特点的个性化教学，导致无法调动起学生的积极性和能动性。两千多年前孔子便已经提出了教育应该"因材施教"，这不仅是作为教育工作者的从业操守，更是整个社会进步的必要基础。

AI 可以利用自身的算法模型，让以往教育过程中很多含糊不清的环节定量化和精细化地展现出来，打开学生接受教育后反馈效果的"黑匣子"，让教师和学生都能全面看到教学质量的数字化显现成果。AI 可以更深入细致地解剖和观察学习的每一个环节如何发生，各类因素如何影响学习本身，由此制定出适合不同人的学习方案，让学生高效地完成学习任务。

- 语音识别技术：可以用在外语口语教学场景，将学生的发音与标准发音进行自动对比分析，得出全面的差别评价。
- 图像识别技术：用在对试题的识别和试卷的批改中，将拍照的图像进行自动搜索，找到正确的答案。
- 自然语言处理：将替代人工对学生的作业进行评价，包括错误检测、文本分析以及智能问答系统等。

与此同时，AI 可以借助各类智能终端和感知技术收集学生在学习过程中的海量数据，从阅读、聆听、写作和交流等各个环节分析出背后隐藏的思维模式、兴趣方向和情绪波动等深层次因素，由此制定出符合每个人特点的个性化学习方案，真正实现"因材施教"的目标。

所有这些智能化教育场景的基础都是通过收集海量数据对 AI 模型进行训练，逐渐能够准确地判断和预测教学过程中的行为。这就要求能够对海量数据进行及时传送和即时处理，5G 的超高速网络速度能够大大缩短数据传输的时间，帮助 AI 更灵活地应用到教学场景中。

在 5G+ABC 技术综合加持下，AI 技术能够更好地辅助学生学习和教师教学，在实现学生个性化学习的同时，还可以创造出更多的虚拟和在线学习场景，提高学习的整体效率。

未来智慧教育的目标是开发一种个性化和自适应的教育服务系统，通过 5G+ABC 多种技术手段，随时检测学生当前的学习水平和状态，并相应地调整后面的学习内容和路径，以帮助学生提升学习效率；同样，普通老师也可以得到智能系统的辅助，提升整体教学效果，缓解优秀教师资源稀缺带来的教学质量参差不齐的问题。

2019 年 3 月，华为云与网易有道在香港一起发布了 DarwinPro 智慧教育系统，利用有道人工智能自然语言处理技术和数据资源以及华为提供的高速率、大带宽的 5G 技术，为用户提供更智能的定制化教育解决方案，属于 AI+5G 技术在教育领域的探索落地。

第 9 章

5G+能源：改变能源的"那些事儿"

分布电源：按需供电的新模式

能源电力属于一个国家的基础设施，在面对互联网等新技术时，相比与用户接触更多的服务业而言，显得不是那么"灵活多变"，似乎转型和升级的动作不多。但事实上，作为关乎国家命脉的关键领域，它不可能对代表未来发展方向的科技潮流无动于衷，从几年前的"互联网+"战略开始，能源电力行业就已经开始着力提升行业信息化、智能化水平。

随着经济的发展，多种能源业务快速增长，发电厂、电网和终端用户多方都需要利用最新的通信技术实现实时用电监测和信息交互，满足由此产生的爆发性的通信需求。5G 网络通信技术将从根本上改变了电力设备制造、电厂运维以及电网运行的传统生态体系，在提高管理效率的同时，大幅降低了人工成本。

所有能源的生产、传输和使用场景，都将在 5G 技术的推动下进行一场划时代的革命。5G 技术由于其有高速率、高安全、全覆盖和智能化等特点，可以提升能源的生产、传输和调配效率，并让可再生能源、电网通信和智能电网等多个领域成为 5G 时代的重点应用场景。我们的生活方式也将会因为 5G 发生革命性变化，"万物互联、人工智能"的时代即将到来。

按能源的基本形态分类，能源可分为一次能源和二次能源。一次能源是指自然界中以原有形式存在的、未经加工转换的能量资源（又称天然能源），如煤炭、石油、天然气和水等。一次能源可以进一步分为可再生能源和不可再生能源两大类型。可再生能源包括太阳能、水能、风能、生物质能、波浪能、潮汐能、海洋温差能和地热能等。它们不需要人力就可以在自然界循环再生。

电力的产生在过去基本上需要依靠大型水电站或热电站来实现，如今，像太阳能、风能等可再生能源的发电站越来越多，使得供电和用电模式更加多样化，但同时也给传统电网的传送和管理模式带来了新的挑战。

可再生能源发电属于分布式发电，是一种建在用户端的能源供应方式，通过小型风电、光伏、水电等系统发电，可独立运行，也可并网运行。一旦从原来的单一中心发电变成中心和分布式双重发电，用户将既是用电方，又是发电方，电流呈现双向流动态势，将使配电网由功率单向流动的无源网络变为功率双向流动的有源网络。

分布式发电的好处有哪些？首先，分布式发电具有经济优势，因为靠近用户端发电，大大减少了输配电网络的建设成本和损耗，而且建设周期短、投资见效快；其次，分布式发电往往都是利用可再生能源，绿色环保，无污染气体排放；第三，分布式发电多采用中小型模块化设备，彼此独立，方便在用电的波峰、波谷之间进行调节，以满足不同用户的用电需求；最后，分布式发电可以减少对单一能源来源的依赖，缓解潜在的能源危机，而且分布式发电地点分散，不会因为受到意外灾害和事故影响导致大规模断电事故的发生。

分布式发电的引入，也让传统电网的运行和管理模式遇到了较大的挑战。因为分布式发电本身并不是很稳定，有间歇性和随机性的特点，比如风能、太阳能都会受到自然环境变化的影响。更重要的是，分布式发电与传统集中式发电相结合，让电网变成了双向流动的网络，这为电力系统的运作带来更多灵活性和可靠性的同时，也让传统的电力控制手段遇到了瓶颈，必须引入新的技术，实现更高效率的管理，才能发挥出分布式发电的优势。

目前，我国分布式光伏发电发展迅猛，是应用最为广泛的分布式光伏发电系统。2002 年，国家提出"送电到乡工程"，揭开了分布式光伏发电的序幕。2009 年开始通过"金太阳"工程和"光伏建筑一体化"工程两项措施，以投资补贴方式使分布式光伏发电得到了迅猛发展。2019 年，全国光伏发电装机达到 20430 万 kW，较上年新增 3011 万 kW，同比增长 17.3%。其中，集中式电站 14167 万 kW，较上年新增 1791 万 kW，同比增长 14.5%；分布式光伏 6263 万 kW，较上年新增 1220 万 kW，同比增长 24.2%。

如同新能源汽车代表了汽车行业未来的发展趋势，分布式光伏发电也是能源行业的未来发展趋势。光伏发电输出功率小、污染小，在城市住宅、商业区、农村以及山区等地都可以使用，满足当地用电需求。不过，光伏发电本身分布分散，数量庞大，对于现场信息采集、设备监控和故障维护等工作有着更高的要求。

5G 技术应用到分布式发电领域后，可以凭借自身高速率、广覆盖和高稳定性的特点，让电网的数据传输速率有一个质的提升，能够应对分布式发电带来的数据分散难采集、覆盖广故障难处理等问题。并且根据 5G 网络切片功能，针对电网管理的不同场景需求，可以提供彼此隔离的单独网络环境，保障不同业务拥有更匹配的网络服务质量，整体网络管理实现智能化效果。

国家电网有限公司（以下简称国家电网）分布式光伏云网是国内最大的分布式光伏一站式共享服务平台。2018 年 3 月 12 日，河北省涞水县南郭下村的分布式光伏扶贫电站正式实现了 5G 通信链路的全面打通，该电站发电量、功率和转化率等信息成功以 100 Gbit/s 的速度远程传输到国家电网分布式光伏云网主站，这意味着 5G 技术在光伏云网首次成功试运行。

智能电网：瓦特与比特的"握手"

智能电网的概念已经提出很多年，电力行业一直都在探索如何将信息化技术融入电网运营管理中。关于智能电网，不同机构给出了各不相同的描述。

- 美国能源部《Grid 2030》：一个完全自动化的电力传输网络，能够监视和控制每个用户和电网节点，保证从电厂到终端用户整个输配电过程中所有节点之间的信息和电能的双向流动。
- 欧洲技术论坛：一个可整合所有连接到电网用户所有行为的电力传输网络，以有效提供持续、经济和安全的电力。

- 国家电网中国电力科学研究院：以物理电网为基础（中国的智能电网以特高压电网为骨干网架、各电压等级电网协调发展的坚强电网为基础），将现代先进的传感测量技术、通信技术、信息技术、计算机技术和控制技术与物理电网高度集成而形成的新型电网。

根据中华人民共和国国家发展和改革委员会和国家能源局 2015 年发布的《关于促进智能电网发展的指导意见》中的定义：智能电网是在传统电力系统基础上，通过集成新能源、新材料、新设备和先进传感技术、信息技术、控制技术、储能技术等新技术形成的新一代电力系统，具有高度信息化、自动化、互动化等特征，可以更好地实现电网安全、可靠、经济、高效运行。

智能电网也被称为"电网 2.0"，它是建立在集成的、高速双向通信网络的基础上，通过先进的传感和测量技术、设备技术、控制方法以及决策支持系统技术的应用，以实现电网可靠、安全、经济、高效、环境友好和使用安全的目标。

有人总结了智能电网的几大特点，如下所述。

- 拥有自愈能力：能够及时检测出已发生或正在发生的故障，并进行纠正性操作，保证电网运行的安全可靠，避免出现供电中断，或者将影响降至最小。

- 抵御安全攻击：无论是系统还是设备遭到恐怖袭击或者自然灾害等外部冲击时，都能够有效抵御并将破坏控制在一定范围内，保证不出现大面积长时间的断电。

- 兼容多种发电：可安全、无缝地容许各种不同类型的发电和储能设备接入系统，简化联网过程，实现智能电网系统中的即插即用。

- 支持信息交互：电力用户可以与用户设备和行为进行交互，这种交互是电力系统的完整组成部分之一，促使电力用户发挥积极作用，实现电力运行和环境保护等多方面的收益。

- 高效运行管理：利用先进的信息技术，对配电网及其设备的实时运行数据以及电能质量扰动、故障停电等数据进行全面监控，针对各类风险提前识别，提供故障处理支持，提高使用效率。

- 集成信息系统：它的实现包括监视、控制、维护、能量管理（EMS）、配电管理（DMS）、市场运营（MOS）、企业资源规划（ERP）等和其他各类信息系统之间的综合集成，并在此基础上实现业务集成。

对于智能电网的特性描述，基本上都是围绕智能化、网络化和信息化展开的。这其中，5G 为代表的新一代信息通信技术在促进电网的智能化升级过程中，起到了至关重要的赋能作用。

现有电网总体上是一个刚性系统，智能化程度不高。电源的接入与退出、电能量的传输等都缺乏较好的灵活性，电网的协调控制能力不理想；系统自愈及自恢复能力完全依赖于物理冗余；对用户的服务形式简单、信息单向，缺乏良好的信息共享机制。

这种信息共享和交互的能力，对于电网的"智能"非常重要。在智能电网的理念下，用户端不再仅仅是一个被动接受用电的对象，而是一种可以帮助提升电网整体效率的资源，用户本身从主观上也有更经济实惠的买电、用电的需求，因而就有意愿参与到电网的运行管理过程中。一方面，用户希望通过获得更多用电的选择权力来满足自身多样化的用电需求；另一方面，电力公司也希望可以平衡用电高峰，减少传输损失，提高运行效率。两方面的需求必然要求智能电网具备双向实施信息交互的能力，让用户能参与电力系统的运行，也让电力公司更了解用户的用电需求，如图 9-1 所示。

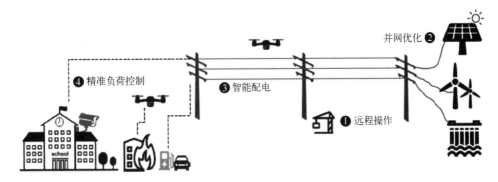

图 9-1　智慧电网[⊖]

未来电网的趋势必然是向着多样性、高可靠性和超低时延性方向发展。为了让电网能够更具有灵活性和自适应性，实现全面、高效的输送，必定有海量的信息交互需求，一张智能电网就是一个"会通话、会发送和接收信息"的电网。5G 能够创新更多电网生

⊖　《5G 重塑行业应用》，德勤咨询。

产和服务模式，也能够提供更为精准和合理的配电调整，让电网输送更高效、使用更便捷、管理更灵活。

根据电流从生产到使用的全流程来看，电网主要包括五大环节：发电、输电、变电、配电及用电。5G 在其中的作用主要为巡检和控制两类，具体在不同环节的落地应用包括以下几个方面。

首先在发电端，5G 可以用来进行风电、光伏发电等新能源的功率预测和状态感知。对于新能源的发电状态监控需要百万级的连接数，风电的叶片变桨控制需要不超过 20 ms 的低时延。这些都是拥有多连接和低延迟特性的 5G 技术能够满足的要求。

其次在输变电环节，5G 的作用体现在对线路的智能巡检方面，如通过电力设备传感器进行输电在线监测，需要连接和管理千万级的传感器；通过无人机进行巡检，在变电站利用智能机器人作业，这些无人化设备都需要 100 Mbit/s 级的大带宽才能支撑高清视频的回传，这些只有 5G 可以实现。

到了配电阶段，5G 的应用就更为广泛了，从故障监测定位到精准负荷控制。配网属于末端网络，节点多、光纤部署成本巨大，传统配网基本上没有实现自动化，缺少通信网络支持，切除负荷手段相对简单粗暴，通常只能切除整条配电线路，对业务和用户都造成很大的影响。5G 可以通过对电流、电压信号的跟踪监测，判断出用电负荷的大小，当负荷超过所设定的负荷定值时，采取先报警提示，后跳闸切断负荷的方式来保护用电线路的监测控制。

应用 5G 技术后，通过各终端间的对等通信，可进行智能判断、分析、故障定位、故障隔离以及非故障区域供电恢复等操作，从而实现故障处理过程的全自动进行，最大可能地减少故障停电时间和范围，使配网故障处理时间从分钟级提高到毫秒级。因此，建立在 5G 网络基础上的智能分布式配电自动化将成为未来配网自动化发展的方向和趋势之一。

最后在用电端，5G 可以用于用电信息采集、分布式能源储能、汽车充电桩和智能家居等用电计量各个方面。当前用户的用电信息采集主要用于计量，数据传输业务规模小、频次低，上行流量大、下行流量小。但未来的用电信息采集要求更加精准和具备实时性，延伸获取每一个家庭的用电负荷情况，采集数据并智能分析，实现关键用电信息、电价信息与居民共享，促进优化用电。用电端分布在千家万户，属于千万级乃至上亿级的广泛连接场景，5G 正可派上用场。

这里面最重要的一个应用是能耗监控，比如通过用户家中的智能电表、智能插座、电闸等设备，来准确获得每个用户家中、办公场所的用电数据信息，结合历史数据进行统计和分析，给未来的能源使用和分配提供更加精确合理的建议。

同样，通过 5G 技术对用户用电信息的海量接入、自动采集、异常监测、用电分析和各类信息交互，实现了电力公司对用户用电信息的全程监控和管理服务，也能够帮助电力公司实现更高效的供电调节，合理错峰用电。

2018 年 1 月，中国电信、国家电网和华为联合发布了《5G 网络切片使能智能电网》产业报告。该报告从"5G 切片+智能电网"视角出发，阐释了智能电网在发展过程中遇到的挑战、5G 网络切片在智能电网的潜在应用场景以及方案分析，并逐一探讨和分析了不同业务场景下的业务特征和技术指标要求，用 5G 网络切片技术为电网智能化运营新模式提供技术保障。

韩国电信公司（以下简称韩国电信）提供了"KT-MEG"（微电网）服务，即通过通信网络自动地远程管理成千上万客户的电力使用，基于大数据分析的用量预测能够帮助提高电厂的生产效率。

智慧矿山：采矿不再危险

采矿是现代工业不可或缺的一个重要环节，工业的发展，离不开对各类矿产资源的开发、开采。但由于采矿行业的特殊性，危险如影随形，这也是全世界矿工们的共同挑战。人们都在希望利用更好的技术手段来让采矿能够实现自动化、智能化，提高效率、降低危险。

中国是矿业大国，大中型矿山 8000 余座，小型矿山 20 多万个。但矿难问题始终困扰着中国和世界各国。世界上每年至少有几千人死于矿难。

对于采矿安全问题，国家也不断出台政策，通过技术手段实现采矿升级，减少人工操作带来的危险。

- 2010 年国家安全生产监督管理总局（以下简称国家安监总局）［2010］168 号文件中提出的金属非金属地下矿山安全避险"六大系统"拉开了我国矿山数字化建设的帷幕。六大系统包括测监控系统、人员定位系统、紧急避险系统、压风自救系统、供水施救系统和通信联络系统。

- 2016 年，当时的国土资源部发布《全国矿产资源规划（2016—2020 年)》，提出未来 5 年加快建设数字化、智能化、信息化、自动化矿山；推动智慧矿山技术装备、生态矿山与资源节约、矿山绿色开采提取关键技术开发。

- 2017 年国家发改委发布《安全生产"十三五"规划》，要求矿山实施"机械化换人、自动化减人"，推广应用工业机器人、智能装备等，减少危险岗位人员；推动矿山企业建设安全生产智能装备、在线监测监控、隐患自查自改自报等安全管理信息系统；推动企业安全生产标准化达标升级；推进煤矿安全技术改造；推进大中型煤矿机械化、自动化、信息化和智能化，建设智慧矿山。

- 同年科技部发布《"十三五"资源领域科技创新专项规划》，推动矿山行业的转型升级，推动矿山生产过程的自动检测、智能监测、智能控制与智慧调度，有效提高矿山资源综合回收利用率、劳动生产率和经济效益收益率。

一方面是从安全角度考虑需要引进新的信息技术协助或替代人工操作，另一方面也是响应国家对生态保护的要求，实现采矿的绿色环保，还自然界青山绿水，借助自动化、信息化、数字化等工具，矿业开采正逐渐向智能化演进。智慧矿山也应运而生。

早期工人只能用手工和简单的挖掘工具进行开采活动，不仅没有整体规划部署，而且效率低、浪费严重；后来机器的发明使得采矿业进入到机械化时代，可以大规模进行矿山开采，机械化虽然提高了效率，但生产粗放、资源浪费现象依然严重；后来引入了自动化设备和信息管理系统，实现了采矿的数字化和信息化，数据得到整合和共享，这是智慧矿山的序曲。

如今，借助 5G+ABC 等新时代技术手段，针对矿山可以设计制造出能够主动感知、传输、分析和处理的采矿智能化系统，让矿山真的具备自我思考和行动能力。

一般而言，矿山都远离城市，位置比较偏远，网络信号的覆盖难度大，一些重要的信息化应用场景（如现场采集的照片上传服务器处理）会受到带宽网速的制约，而对于更高阶的应用（如视频采集识别）则需要传输的数据量会更大，对网络带宽和延时的要求也更高，这些在现有的 3G、4G 网络下都很难实现。

5G 是智慧矿山实现的基础，如今在偏远地区的网络建设，使得矿山地区的网络质量得到大大改善。随着矿山工业往信息化、自动化和智能化的发展，其对通信技术的倚重也越来越大，对通信速度和质量的要求也越来越高。特别是如今矿业正在向无人化、数字化方向转型，各类无人场景的实现都需要依靠 5G 等信息网络作为基础。

5G 在智慧矿山的一个重要应用场景是无人采矿系统，包括无人挖掘机、无人矿车，通过 5G 网络实现远程控制车辆行驶，实现露天矿区钻、铲、装、运的全程无人操作，使矿区生产安全性、开采效率和资源利用率得到提升，降低生产成本。

另外，可以通过 5G 无人机实现对矿区的定期勘察测绘，构建矿区的 3D 模型，分析矿点位置、矿种、开采方式和状态、占地方位和土地类型等，计算矿产储量，可开采量，更方便、精准地对开采进行管理和规划。

5G 还可应用于视频监控和 AI 视频分析，对矿区的设备状态进行监控和预警，对进出矿区的人员车辆进行智能识别和监测，将可能出现的危险隐患及时消除。

智慧矿山的场景远不止这些，借助 5G 技术可以对矿区的开采、生产和运输各个环节实施监控，可以推动矿山自动化和智能化设备的运行，实现最终的无人采矿，更安全、更高效、更环保，引爆新一轮的矿业革命。智慧矿山架构图如图 9-2 所示。

智慧矿山技术刚刚开始起步，包含信息通信、人工智能、自动控制、可视化和虚拟现实等技术，以及采矿、地质、测绘、系统工程等多学科，是一项复杂的系统工程。未来会有更多科技手段出现在智慧矿山工程中，比如 VR 虚拟现实技术在智慧矿山中的应用将会非常广泛。在智慧矿山中，VR 虚拟现实技术可以通过在虚拟环境中的模拟实训，大幅减少在真实环境中操作的错误，从而提高安全水平以及应对安全事故的应急处置能力，让矿山更智慧、更安全。

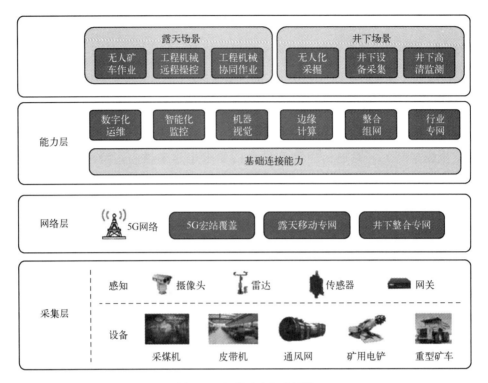

图 9-2 智慧矿山架构图[⊖]

能源互联：引爆全球能源革命

美国学者杰里米·里夫金（Jeremy Rifkin）于 2011 年在其著作《第三次工业革命》中预言，以新能源技术和信息技术的深入结合为特征，一种新的能源利用体系即将出现，他将他所设想的这一新的能源体系命名为能源互联网（Energy Internet）。

由此，能源互联网这一概念逐渐流行起来，以 5G 为代表的移动通信技术正与 AI、大数据紧密结合，开启一个万物互联的全新时代。在此形势下，能源、电网广域互联的需求巨大，全球范围内稳定、可靠和经济的通信网络是实现全球能源互联网构想和战略目标的重要保障。

业界普遍认为，能源互联网即把互联网技术与可再生能源相结合，在能源开采、配送和

⊖ 《5G+工业互联网应用场景白皮书》，中国移动。

利用上从传统的集中式转变为智能化的分散式，从而将全球的能源网络变为能源共享网络。

全球能源面临着很多共同的问题需要解决。

- 不可再生的化石能源越来越少。化石能源是人类长期依靠的主要能源来源，但无穷无尽的需求和过度的开采，导致作为一种不可再生资源，化石能源的储量越来越少。

- 二氧化碳等带来的环境污染。化石能源燃烧排放的大量二氧化碳是导致全球气候变暖的主要原因之一，不仅如此，长期困扰我们的空气污染、水污染和重金属污染等环境问题，也与人类过于依赖化石能源有着密切的关系。

- 能源分布和需求的不匹配。北极地区风力十分强劲，但人口稀少，电力需求几乎为零，丰富的风力资源没有用武之地；中东沙漠地区太阳能资源丰富，但需求也不足；用电需求高的地区，往往风能、太阳能又不足。

在这一大背景之下，全球各国越来越重视"能源互联网"的概念。2015 年 9 月 26 日，我国在联合国发展峰会上倡议"探讨构建全球能源互联网，推动以清洁和绿色方式满足全球电力需求"。

全球能源互联网发展合作组织主席刘振亚介绍，所谓"全球能源互联网"，就是将各国、各地区的能源网"联"在一起，成为协调开发、输送和使用电力的平台，其实质就是"智能电网+特高压电网+清洁能源"。

全球能源互联网发展合作组织计划 2020 年推动世界各大洲国家实现国内电网互联，到 2030 年推动实现洲内电网跨国互联，到 2050 年重点发展北极、赤道能源基地电力外送，基本建成全球能源互联网。

相比智能电网，能源互联网的理念更大，能把包括电能在内的各种能源组合，是具有智能通信、智能电网和智能交通等众多智能与绿色概念的超级网络。能源互联至少在一个层面上会得到体现，那就是能源与通信技术的融合，促使整个能源网络的数字化升级。5G 技术的引入将给能源行业带来深远的影响，引发更深层次的变革。能源互联网体系架构如图 9-3 所示。

中国信通院 2017 年 6 月发布的《5G 经济社会影响白皮书》显示，到 2030 年，我国

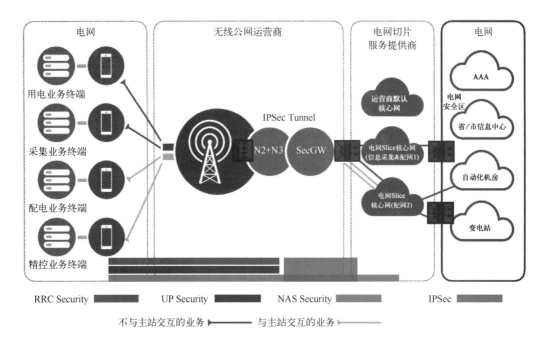

图 9-3 能源互联网体系架构图⊖

能源互联网行业中 5G 相关投入（通信设备和通信服务）预计将超过 100 亿元。

前文谈到的智慧电网中 5G 技术的应用，就是能源互联网非常典型的一个应用领域。未来分布式能源将会大量接入，像电动汽车、配电自动化以及用电信息采集等大量电力应用场景的投放使用，将大大刺激电力信息采集和传输的需求，海量传感器会安装在各类用电终端和设备上，将会组成一个无所不在的无线传感网络，5G 能够为稳定、高效、双向互动的能源通信服务提供保障，以支撑能源互联网之下多种多样的用电场景和电力服务需要。

综上所述，能源互联网就是要像互联网一样实现信息的高效传播。能源行业海量的信息需要采集和传输，需要高速数据传输速率和低时延特性来保证能源网络，特别是电网信息的双向传输，以及实现能源大数据的汇聚整合和分析呈现，而且能源互联网最终对用户提供的创新应用和服务场景，都需要网络高品质的保障。

能源互联网对通信的开放性、可靠性、智能化和灵活度都提出了非常高的要求，主

⊖ 《2020 中国 5G 经济报告》，中国信通院。

要体现在需要超低的网络时延、大规模的连接和可隔离的网络。4G 网络在时延性、隔离度和连接规模上都无法达到这些要求，也就无法让真正的能源互联网得以实现，无法支持多样化的能源业务开展。

只有 5G 网络才可以让以上的瓶颈得到突破。

5G 与能源行业的深度融合，还是撬动数字能源经济转型的关键点。5G 并不是唯一推动能源经济转型的先进技术，5G 与 ABC 的深度融合能让能源行业实现彻底的数字化转型。这种转型突出表现在能源基础设施的智能化升级，随之带来人与机器的高度连接，创造出前所未有的能源服务新体验。

首先，5G+ABC 技术大规模引入能源行业，会使得机器通信能力得到极大的提升。能源领域很多应用场景都可以与移动通信技术紧密结合，数以千亿计的能源设备如果具备了"通话+思考"能力，会让整个能源互联网变成一个超级庞大的智能网络。

其次，能源行业也会像其他行业一样，在新技术的驱动下涌现出众多新的应用和产品。众多能源设备具备了远程监控、计算和交互等功能，可以大幅增强能源服务的运营效率和效果，促进如电动汽车、能源通信和能源交易等细分市场的发展，刺激能源领域的消费能力。比如在各类能源的生产、传输、销售和服务环节将逐步匹配数字化产品的设计、营销和服务全生命周期配置，实现类似于未来工厂一般的全智能化、数字化的流程，并建立起线上线下、前端后端高度协同的价值网络。

最后，能源网络与通信网络的融合，本身也是双向资源共享，是一个互相借力的过程。5G 技术能对能源领域赋能，反过来，电网资源本身也能给正在扩建的 5G 网络带来很多便利。5G 基站数量将是 4G 的很多倍，建设、维护如此大数量级的基站，会耗费电信运营商巨大的成本。但电网公司拥有千万级规模的杆塔资源，完全可以向运营商开放自己的电塔设施来挂载一部分通信设备，让电塔成为能够进行电力信息监控和传输的通信塔，实现电塔和基站的共建共享。

5G 等新技术对能源行业的赋能，最终会体现在全球能源互联网和智慧能源系统的实现中，发展成为与市场需求深度融合的一种新的能源产业。

第 10 章

5G+金融：开启
智慧金融新风口

认　识　5G+

金融科技：颠覆传统金融基因

金融是一类特殊的行业，它不同于我们前面提到的各类行业。像交通、工业、农业、教育等行业，都直接为我们的社会生活创造产品和服务，而金融行业则是服务于所有其他行业，为这些行业里面的生产者和消费者提供必要的资金支持和衍生服务。金融和5G、互联网、人工智能等技术一样，是现代社会重要的基础设施，为其他领域提供不可或缺的服务。

但是，金融行业本身也在不断地演进升级，从最开始简单的借贷和存储服务，发展到如今让人眼花缭乱的各类金融产品，这其中离不开移动通信技术的进步。回顾 3G 和4G 时代可发现，金融服务一直都在通信技术革命的推动下，以越来越快的速度向前发展。

3G 到 4G 时代，智能手机开始大规模普及，移动互联网与金融行业的结合拉开了"互联网金融"的序幕，金融服务呈现出了移动化的特点，从以往我们熟悉的线下转移到线上，从 PC 端转移到了手机端。移动支付、手机银行等服务变得更加普及，以蚂蚁金服为代表的新金融公司相继崛起，"余额宝"等新产品深刻改变了传统固化的金融格局。

得益于 4G 网络速度的提升，以及大数据、云计算等技术的应用，互联网金融转化为金融与多种技术的深度融合，出现了"金融科技"，改变了传统金融在信息采集、风险定价和投资决策等环节的形态，提升了金融业的服务效率。金融科技带来了金融行业的数字化革命。

历史上，每一次的从科技革命到产业革命的过程中，金融都起到了重要的作用，甚至可以说，没有金融资本的大量投资，纯粹的技术创新很难快速形成产业化的规模效应，也就无法彻底走出实验室，转化为商品，造福人类。金融是科技进步、产业升级的重要帮手，同样，技术的进步反过来也让金融行业推陈出新，迭代升级。金融科技发展历程如图 10-1 所示。

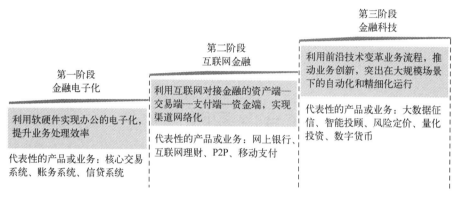

第一阶段
金融电子化

利用软硬件实现办公的电子化，提升业务处理效率

代表性的产品或业务：核心交易系统、账务系统、信贷系统

第二阶段
互联网金融

利用互联网对接金融的资产端—交易端—支付端—资金端，实现渠道网络化

代表性的产品或业务：网上银行、互联网理财、P2P、移动支付

第三阶段
金融科技

利用前沿技术变革业务流程，推动业务创新，突出在大规模场景下的自动化和精细化运行

代表性的产品或业务：大数据征信、智能投顾、风险定价、量化投资、数字货币

图 10-1　金融科技发展历程⊖

在即将到来的 5G 时代，金融行业有会什么样的变革呢？

根据金融稳定理事会（FSB）的定义，金融科技主要是指由大数据、区块链、云计算、人工智能等新兴前沿技术带动，对金融市场以及金融服务业务供给产生重大影响的新兴业务模式、新技术应用、新产品服务等。

金融科技由两个组成部分，一个是互联网为代表的技术因素，构建了全新开放的信息交易平台，让金融供需双方可以高效率的匹配；另一个是金融自身的本质因素，也就是对信息的掌握、对风险的把控和对未来收益的精确判断。

5G 并不像人工智能技术一样可以直接作用到金融行业，它的作用是辅助 ABC 等技术在金融领域得到更好的落地应用，从而优化现有的服务流程，创新更好的服务场景。

事实上，对任何行业而言，5G 的价值都不在表面上速度的提升，而是速度提升能让很多新业务形态有了实现的可能。就拿金融行业来说，5G 的速度相较 4G 有了质的提升，

　　⊖　《中国金融科技生态白皮书》，中国信通院。

这就能够让从前对延迟要求很高的金融场景能够真正地落地，比如可以做到即时的金融服务、更可靠的贴身服务。

- 可以缩短金融交易流程，实现即时和无感的金融服务。5G 最被人所称道的就是传输速度快（可达 10 Gbit/s），延时低（低至 1 ms），可连接终端多（达 100 万台/km^2）。5G 可以让金融原来冗长的交易时间大大缩短，甚至无感化，自然也会推动金融服务更加普及。

- 可以实现金融大数据发展，提高信用管理效率。金融业自身就带有海量数据，5G 又是万物互联的必要技术，可以让金融行业更好、更快地采集各类数据，并辅助大数据和人工智能技术，对个人和企业信用更全面、更精确地评估，改进当下信用评估缺少必要数据、主观判断多的弊端，让信用评级更可靠。

- 可以让交易更加及时、安全，减少金融诈骗现象。5G 技术本身较之 4G 有更高的安全性，5G 时代的信息安全标准将升级，移动支付领域会更加安全，各类传统的金融诈骗现象会得到很好的遏制。

5G 开启了万物互联的智能新时代，正在改变金融行业的旧有业态。

银行 4.0：无处不在的虚拟银行

银行是金融体系的核心，5G 对金融行业的影响集中体现在改变了传统的银行金融服务模式，而且还大大扩展了服务的内容和形式。

十多年前，当智能手机刚刚出现的时候，我们并没有察觉到它会对当下的生活有多么大的改变，但随着时间的推移，越来越多的线上新应用取代了线下的活动。当手机支付出现以后，人们不再依赖于银行卡，甚至开始告别现金。如今，我们生活的城市中每个商铺都摆放着二维码，我们购物的时候只需要用手机扫码即可付款，"无现金社会"近在眼前。

一部手机具备了支付、转账、投资甚至贷款等各种金融功能，事实上，在 5G 时代之前，我们已经悄然改写了很多金融业态，也让银行业产生了很大的变化。

通过 5G 技术，还会有更多的新应用被创造出来，也将会涌现更多新的金融服务，如

图 10-2 所示，让银行业加速进入到数字化新时代，也就是所谓的银行 4.0 时代。

银行	证券	保险	其他领域金融	
• 金融服务流程无卡顿 • VR/AR 支付 • 减少贷款申请烦琐环节 • 全面精准风控 • 智慧运维 • ……	• 优化 IPO 流程 • 量化交易工具 • 智能投研 • 智能风控管理 • ……	• 网点智慧化（远程面签、远程 VR 等） • 智能理赔 • 智能查勘定损 • ……	• 供应链金融 • 升级第三方支付	**升级金融服务体验** • 推动金融服务的丰富化和便捷化，提升金融服务体验
• 嵌入式金融服务产品 • 动产融资 • 无人银行	• 全方位数字化资产管理	• 新产品智能驾驶/远程医疗+保险 • ……	• ……	**探索金融新业态** • 实现金融场景的再造，在万物互联场景下产生金融新模式、新产品
↑ 5G 时代之后				
• 负债业务 • 资产业务 • 中间业务	• 经纪业务 • 发行和承销业务 • 自营业务 • 资产管理业务	• 财产保险 • 人身保险 • 责任保险 • 信用保险	• 互联网金融 • 征集 • 消费金融 • ……	**传统金融领域细分业务** • 按业务主体和其性质大致划分

图 10-2　5G 推动金融业务创新[一]

银行 4.0 的概念来源于美国传奇银行家布莱特·金（Brett King），他认为银行 1.0 至银行 3.0 是基于物理网点的服务渠道扩宽，银行 4.0 则是回归到对银行本质的重新审视，升级为嵌入生活的智能银行服务。

- 银行 1.0：最传统的银行模型。银行起源于中世纪晚期的意大利，一般认为最早的银行成立于 1407 年的威尼斯，随后银行出现在了越来越多的欧洲城市，比如阿姆斯特丹、伦敦、汉堡等，如今，活跃了几百年的古老银行在欧洲依然能够见到。传统的银行仍旧是银行业的主体，可以说即使到了数字时代，银行业的本质上并没有太大的变化。

- 银行 2.0：网络银行。自从银行可以联网之后，人们不用再去银行的物理网点办理业务，只需要通过 ATM 机就可以实现业务办理，后来还可以通过互联网实现网上办理，这些变化都让银行能够提供全天候服务。

- 银行 3.0：手机银行。21 世纪出现的智能手机将传统银行服务再一次颠覆，人们可以随时随地享受到银行服务，实现了任意时间和任意地点与银行的"亲密接触"。

从银行 1.0 到银行 3.0 的发展，背后有一条主线在贯穿始终，那就是银行从集中式到

[一] 《"5G+金融"应用发展白皮书》，中国信通院。

分散的网点化。网点可以是物理实体，也可以通过互联网搬到线上，但从始至终，银行都是依托各类网点为客户提供银行产品服务的。一直到现在，银行业从业者的普遍思维模式仍旧停留在通过网点为客户提供服务的层面。

但是，技术的快速发展让银行服务越来越脱离以往的网点，呈现出全渠道覆盖的特征。比如，阿里巴巴推出的余额宝产品成为最大的储蓄产品，而就在支付宝出现以前，无论是线上还是线下，人们存钱还要去银行网点。

银行 4.0 的理念是用技术更好地将金融服务提供给客户，创造出最佳的体验，而不是继续拘泥于对传统银行网点的建设和升级中。布莱特·金认为，现在银行业面临的最大挑战是仍然想通过传统银行设计网点的思维来应对未来的发展。而科技公司和银行业的竞争思维方式是完全不一样的，它们想的是如何通过技术提供金融能力或者是金融效益，并不十分在意金融产品本身。

5G、人工智能、虚拟现实和区块链等技术都在利用新的服务形态让银行从产品提供转到体验和服务的提供上面。

布莱特·金总结到："未来的 5G 技术将促使银行变得更加实时，到 2025 年，将有更多的人每天用计算机、智能手机、语音和 AR（增强现实）来处理他们的钱，而不是到分支机构网点。而与 5G 同时到来的还有刷脸支付、生物识别、区块链技术等强身份验证方式。而量子计算机也将会给银行业带来强大的业务实现能力。"

5G 智能经济时代，"场景"是所有企业竞争的重要战场，一切能够与最终业务提供和交易达成紧密连接的空间都是商家必争之地。比如 2019 年突然热闹起来的"ETC 大战"。

ETC 是指电子不停车收费系统，装了 ETC 电子标签的车辆，可以使用电子收费方式，从而让车辆通过高速公路或桥梁收费站时，无须停车而自动扣费，节约了排队等候的时间，让出行更加通畅。

根据公安部交通管理局公布的数据，截至 2019 年 6 月，全国机动车保有量达 3.4 亿辆，其中汽车 2.5 亿辆。交通部要求到 2019 年年底，ETC 的使用率达到 90% 以上，以保证整个路网的运行通畅。于是，我们看到各家银行都在积极宣传推广 ETC 安装服务，有的甚至自己倒贴钱鼓励用户安装，原因是 ETC 需要与银行卡绑定，此举可以大量增加银行的用卡账户数量，但更重要的是，通过 ETC 可以让有车一族与银行产生更加紧密的"黏性"关系，为下一步银行的业务拓展提前布局。

事实上，对于银行来说，有了 ETC 就有了进入出行消费场景的一张门票，以用户为核心的出行场景的打造与拓展蕴藏着无限机遇和深耕空间，值得大家全力以赴去拼抢。

当然，出行场景只是银行进入未来用户消费场景的一种通道，当 5G 等新技术普及之后，银行业本身的业务模式也随之改变。其中最大的变化是移动支付。

在 4G 时代，银行的数字化创新主要体现在通过推出自己的手机银行 App 将银行业务线上化、移动化，用户不用再去实体终端和营业厅办理业务，只需动动手指，在手机上就能够完成业务办理。

用户用得最多的业务是支付。4G 时代，更多的还是人与人之间的支付行为，但在 5G 时代，物物相连的物联网将会取代很多原本需要人来支付的场景，ETC 在 4G 时代只是一个特例，但在 5G 时代将会越来越普遍。

我们会看到无人超市将会非常多，超市通过人脸识别技术自行进行结算；家中的智能水表、电表可以感知到水电费还剩多少，并及时进行自动缴费；智能冰箱可以感知到保存的食物不够了，自行在线上超市进行补充采买。

5G 时代的支付工具将更好地利用基于人体特征的生物识别技术来实现，比如通过眼球的转动、脑电波的传输以及面部表情的微动等细节捕捉和分析。如今，我们上街购物已经不需要带钱包了。未来可能会扔掉手机，只需要自己本人即可，支付场景将与我们的身体相结合，一种表情、一个手势、一句话语，甚至一次脑电波，都可以进行支付。

5G 的高速率会提升银行服务的效率，改善用户的体验。传统银行网络采用 Wi-Fi 网络，速度较慢，很多服务难以实现。5G 可以让银行的服务样式增多，比如可以实现视频银行或虚拟现实银行服务类型，VTM（远程视频柜员机）会成为银行网点的标配。

传统银行网点需要配备人员进行授权服务，耗时耗力。VTM 可以利用大带宽、低时延的 5G 网络实现远程授权，用户在网点办理业务时候，并不需要一个真实的客户经理现场指导，就可以享受仿佛一对一服务的完美体验。

远程化智能服务将突破现有银行服务的时空障碍，远程一对一服务可能会是 5G 银行的最大卖点。全智能化无柜台银行甚至无人网点将会成为一种普遍的网点形态。

这种远程和虚拟技术的运用，还可以让用户摆脱对物理网点的依赖，在任何地点任何时间都能够使用银行服务。5G 的高速率、低时延和高可靠性的特征，结合人工智能和云计算技术，可以为用户开发出个性化的专业银行服务功能，实现全场景、无障碍、即时性的智能金融服务模式，用户可以实时在线进行开户、查询，处理自己的金融数据，完成各类交易。

银行可以利用 5G 的可靠连接和指数级云计算能力开发"个人银行助理"，实现 360° VR 沉浸式顾问服务体验，将网络智能化和服务内容多样化有机结合，真正实现以用户为中心的服务体验。

未来的银行将是 5G 技术与人工智能、VR/AR 技术的综合应用，形成虚拟化银行，在全息的虚拟网点中，人们可以与远程的银行人员进行一对一的互动，也可以与虚拟客服机器人进行交流，实现在线自助办理。这种虚拟化的银行可以在家中、办公室中以及车上实现，突破了物理网点的时空限制，大大提升了金融服务的便捷性。

5G 让银行无处不在。

智能风控：破解融资难融资贵

对于金融行业来说，最重要的两大块业务是获得客户的信息和评估客户的信用，本质上是风险控制工作。4G 让手机成为最重要的信息来源，而 5G 则会让人们摆脱对手机的依赖，让更多的智能设备成为信息的采集地。

要想发展出丰富多彩的金融服务，必须有更加有效的风控手段。做好风控的前提是对最终用户风险的准确识别。金融科技的发展不仅推动了金融服务的完善，还让风控的方法有了飞跃。

风险控制的前提是对客户的风险评估，依据就是各类财务数据统计。传统的金融机构对于企业客户的风险评估主要依靠财务"三表"，即资产负债表、利润表和现金流量表，来评估这家企业的经营实力。对于个人客户，则主要依靠银行流水、收入证明以及房产等资产数据来判断个人的信用等级。巨头手段是根据这些过去的数据构建一个简单的预测模型，然后确定授信额度，进行放贷。

但是这类数据本身存在一些明显的缺陷：首先是维度单一，颗粒度很粗，对用户画像是远远不够的；其次是都是结果性数据，缺乏对过程风险的反映；最后是时间上有一定的滞后性，尤其财务报表，最快也是一季度一出，远远无法达到实时性要求。依据这些有限的数据评估出的风险级别本身就存在很大的"风险"，也就是传统的风控模式有着太多的 bug 存在，让风控有很多漏洞。

移动互联网和 O2O 的快速发展让线上交易规模越发庞大。根据北京易观智库网络科技有限公司（以下简称易观）的数据，2019 年第 3 季度，中国网络零售 B2C 市场交易规模为 15559.5 亿元人民币，同比增长 22.1%。就在 2019 年的"双十一"，阿里巴巴宣布，全球成交额为 2684 亿元人民币，比 2018 年增加了 549 亿元人民币。

海量的交易行为本身就留存了海量的数据，包括人们的消费、出行、旅游、教育以及娱乐等场景，这些数据在用户授权的情况下，都是可以被授信机构加以分析的，由此发展出一整套大数据风控方法，大大提升了风控的精准度。

不仅如此，银行以往对个人客户的授信工作，需要申请人去现场提交各类资料证明，并签名授权银行调查取证，线下的资料收集、整理、提交、补充等工作非常耗费时间精力。而未来这些人工完成的事情，都可以转移到线上以数字化形式完成。申请人不必再亲临银行网点，甚至不需要自己提交证明文件，全部工作都由银行通过网络，在授权许可的范围内，自主调取客户的各类数据进行评估，大大提高客户授信工作的效率。

但是，这些主要还是针对个人用户的授信，对于企业用户，尤其是针对小微企业的风控和信贷，目前的数据还远远不够。由于缺乏小微企业经营的有效数据，小微贷款一直是行业痛点。

对于更大范围的数据采集，离不开 5G 技术的支持。

"万物互联"的时代，大量的机器和设备被接入互联网中，实现人与物的连接，工业生产、企业运营以及商业活动等丰富的场景将产生海量的数据，这些数据产生于实际的生产与交易环节，具有真实性和即时性，通过高速的 5G 网络将这些数据传输到银行的云端服务器，不断积累客户信息。

银行结合大数据、云计算以及人工智能等技术，可以随时获取企业运营过程的数据，实际上就是将风险管控从事后迁移到了事前和事中，全覆盖企业各个环节，实时掌握企业客户的第一手资料，为企业的风险评估和授信提供最全面及时的客观数据。

这是对传统征信手段的巨大颠覆，实时掌握的数据能够帮助银行快速发现企业运营流程中的异常，并发出预警信号，后台庞大的风控平台将随时根据前方回传的数据修订企业的信用情况，风险评估工作将是一种持续性和动态调整的计算过程，而不再是依靠简单的几项指标，通过有限的征信资料做一次性的主观判断。

5G 改变了银行的风控模式，不仅是从技术手段，还有评判标准，这些都让风险控制更加准确、高效和全面。

有了 5G 连接，小微企业的贷款也不再是困扰银行的痛点。因为银行可以通过 5G 实时掌握小微企业的生产、销售以及运输等全流程的经营情况，在原有的数据库中获得更多维度的真实数据，由此提升了对小微企业的信用评估，也降低了对小微企业的贷款风险。

对小微企业的贷款服务仅仅是银行风控的一个应用，借助 5G 技术，风控水平的提高还可以帮助银行给更多需要资金的用户提供支持，特别是分布区域散、征信难度大、服务成本高的偏远地区。例如，三农领域的金融贷款服务也可以运用 5G 等技术手段掌握更多客户的基本信息，针对性地做好资金支持，扩大普惠金融的服务广度和深度，更有利于国家全面推广精准化扶贫工作。

保险科技：5G 让保险服务更便捷

保险业将在 5G 时代迎来新的变革，5G 和物联网技术的广泛使用，赋予了保险公司前所未有的数据获取能力。有效数据越多，风险评估能力越强，对风险的预判也就越精确。保险业在新技术的推动下，其经营模式也将有更大的变化，在产品的设计、定价和营销，用户的投保、核保和理赔等各环节，都有着非常大的创新空间。

首先是保险业务网点，正如前文所述，未来人们的投保方式将更依赖于人脸识别、VR/AR 和远程面签等新技术，单纯依靠人力进行投保服务的场景会越来越少，客户可以随时随地购买各类保险，并享受到定制化的服务。

车辆定损也是 5G 技术的重要应用场景，传统的定损工作都需要保险公司人员亲临现场鉴定损失情况，这在城市里还可行，但很多情况下，事故发生在偏远地区，甚至是环境恶劣的野外区域，这个时候就要用到配备高清图像拍摄和视觉识别技术的无人机了。5G 技术可以为保险公司提供全方位、更实时和更便利的远程查勘理赔服务，比如通过无人机将事故现场的真实情况拍摄并回传给公司，大大节省了人力，既安全又可靠。

这背后的根本是 5G 与海量硬件设备的连接让保险公司的数据收集能力越来越强。各类生产生活中的智能硬件，本身就是一台数据收集器和预警机，比如一些高危生产环节上的智能设备，能够时时刻刻监控生产活动的进展，通过每秒产生的数据进行智能分析，判断下一步是否会出现异常甚至危险情况，一旦分析得出危险即将发生，5G 能够快速将信号传送给后台指挥系统，发出预警信号，触发自动防护措施，减少重大事故的发生概率。

除了保险本身工作环节模式的改变以外，5G 还让保险业跳出了传统的保险经营模式，主要体现在众多"5G+垂直行业"的应用场景中，保险在各个场景下具体应用的变化包括保险品种和投保、理赔方式等。最主要的代表是医疗和汽车领域。

当车联网和自动驾驶逐渐普及之后，保险公司的车险产品将逐步扩大自己的保障范围，将自动驾驶汽车和 5G 网络安全都纳入保障内容。这个时候的车险就有了车联网保险或者自动驾驶保险的含义，新型的车险会考虑到车联网的各种服务场景，背后的技术实现基础就是及时、快速地收集、处理和共享车车、车人、车路之间的庞大数据信息，保险的品种、价格以及条款内容都会依据这些数据进行定制化设计，这种全新概念的车险叫作 UBI 保险。

传统的车险对于所有的车辆都"一视同仁"，有的家用汽车一年没用过多少次，而有的车每天都在使用，但是两者缴纳的车险保费却一样多，事实上这并不合理。UBI 保险则可以解决这一问题。

UBI（Usage-Based Insurance）是基于使用量而定保费的保险，也就是依据司机的驾驶行为而形成的保险，每位司机每时每刻的驾驶行为都不相同，所产生的驾驶数据也不一样，不同的数据背后隐含的风险系数不同，自然所适用的保险也不同。

在国外，UBI 保险并不是新鲜事物，从 2009 年开始，美国、欧洲就开始陆续推广 UBI 服务，尤其是美国，各主要保险公司都拥有或者正在积极推进 UBI 项目。推动 UBI 保险主要依靠车企和保险公司两方力量，通过在车辆上安装 OBD 车载智能终端，对汽车的里程、油耗等数据进行监控，同时也采集车主的危险驾驶和违章次数等驾驶行为数据，经过综合分析后给出汽车的风险评级结论，并以此提供个性化的保单。

5G 技术应用到车联网市场后，对于大量驾驶数据的实时回传提供了足够的速率支持，能够大大提升对驾驶行为的数据分析和风险评估效果，间接刺激了车险的发展。

对于我们常见的车辆之间的碰撞、剐蹭现象，借助车身的感应设备，通过 5G 将车辆的损伤信息及时回传，即使只是轻轻蹭了一下，后台也能及时获得信息，知道事故发生在哪里、如何相碰的，对责任认定和保险理赔提供了准确的数据支持，减少了违规驾驶和欺诈的概率。

借助智能设备监测采集数据，通过 5G 技术及时回传给保险公司分析评估承保风险的模式，还将大面积应用于健康医疗领域。未来的智慧医疗服务中，智能穿戴设备的普及是大趋势，消费者的体征表现都会被随身的设备所采集，并通过 5G 网络回传记录在消费者的健康档案中，让保险公司可以快速获取消费者的健康数据，并根据实时的数据情况进行健康评估，进行科学承保。

这种及时检测有效数据的方式，能够避免根据一次性的体检报告进行承保的风险，因为掌握了更多的真实数据，可以在健康评估方面设计更细化的分析模型，研发出适应具体每一个人的健康保险品种，提高人们投保的价值。

第 11 章

————

5G+未来：信息随心达，
万物任我行

认 识 5G+

超级终端：8K、VR/AR、无人机

5G 网络具有的大带宽、低时延、高可靠以及广覆盖等特性，再结合人工智能、大数据、云计算以及物联网等技术，在众多垂直领域都产生了难以想象的颠覆场景。这其中，5G 与超高清视频、VR/AR、无人机等结合的应用属于基础型应用，将智能终端的概念提升演进成为更具视觉冲击力、更大适用范围的"超级终端"，本章提到的更多行业的应用场景，多是基于这些超级终端和基础应用的衍生结果。

视觉盛宴：5G+超高清视频

无论 4K，还是 8K，都指的是显示器的分辨率。从分辨率来看，4K 的分辨率是 3840 像素×2160 像素，而 8K 分辨率则达到 7680 像素×4320 像素，8K 的分辨率是 4K 的 4 倍。如此超高清晰的画面，意味着人眼接收的信息量非常巨大，真的连细微的毛孔都可以看得一清二楚。

过去几年，4K 技术的普及让视频行业得到快速发展。而随着 5G 网络速率的提升、应用终端的逐步完善，移动互联网视频领域也将向超高清视频快速演进。

有预测，2022 年超高清视频电视终端销量占电视总销量的比例将超过 5%，超高清视频用户数将达到 2 亿人。还有预计到 2025 年，在 5G 的带动下超高清视频应用市场规模将达到约 1.75 万亿元。

业界认为，超高清视频将是 5G 网络最早实现商用的核心场景之一。典型特征是大数据、高速率，按照产业主流标准，4K、8K 视频传输速率至少为 12~40 Mbit/s、48~160 Mbit/s，4G 网络已无法完全满足其网络流量、存储空间和回传时延等技术指标的要求，5G 网络良好的承载力成为解决该场景需求的有效手段。

当前 4K、8K 超高清视频与 5G 技术结合的场景不断出现，广泛应用于大型赛事、活动、事件直播、视频监控和商业性远程现场实时展示等领域，成为市场前景广阔的基础应用。

2016 年里约奥运会期间实现了世界首次 8K 现场直播。日本公共广播电台 NHK 测试了 8K 电视广播，播放了开闭幕式、游泳比赛和田径比赛。可以说，未来几年与 5G 的结合，将使得超高清视频迎来井喷式发展，见表 11-1。

表 11-1　5G+超高清视频主要应用场景

主要应用场景	介　绍
北京冬奥会赛事 8K 直播	北京 2022 年冬奥会将充分利用 5G 开展重大活动、重要体育赛事直播，北京明确了 5G+8K 超高清视频发展方向。产业界将以此为契机，加快推动 8K 超高清的转播/直播落地，助推我国 8K 超高清视频产业发展
云栖大会 5G+8K 远程医疗模拟	在 2018 年云栖大会上，中国联通、阿里云、京东方等企业创造性地完成了首个 5G+8K 视频技术在远程医疗上的应用展示，标志着 8K 超高清直播技术实现商用成为可能
央视春晚 5G+4K/5G+VR 超高清直播	2019 年央视春晚主会场与深圳分会场进行了 5G+4K 超高清视频直播，画面流畅、清晰、稳定，标志着中国电信央视春晚 5G+4K 超高清直播工作圆满完成
上海电信实现音乐盛典的 5G+8K/VR 超高清直播	在第 26 届《东方风云榜》音乐盛典现场，中国电信上海公司（简称上海电信）运用 5G+8K+VR 技术进行全方位现场直播。盛典采用了业内顶尖技术，开启了新时代沉浸式 VR 体验。此次 5G 直播在正对舞台的最佳机位放置了一台 VR 摄像机，其拍摄的 8K+VR 高清视频将通过 5G 网络传输到上海电信部署的"云端多功能视频转码服务平台"，转码剪辑成 VR 内容后通过 5G 网络发出直播信号，大幅缩短了 8K 视频下载和缓冲时长
中超广州德比利用 5G 网络实现足球赛事超高清视频直播	2019 年 4 月 6 日，基于 5G 网络，广州联通联合广东广播电视台体育频道、华为实现了中超广东德比足球赛的全程 4K 超高清视频传输，这也是全国首次全程通过 5G 网络完成近 3 h 的足球赛事直播。5G+超高清视频直播也为观众带来了不一样的视觉盛宴

超感再现：5G+VR/AR

5G 带来了高带宽、低时延的超宽时代，也让对此具有强依赖性的 VR/AR 开始真正崛起。VR/AR 我们并不陌生，是近景现实、感知交互、渲染处理、网络传输和内容制作等新一代信息技术相互融合的产物，高质量 VR/AR 业务对带宽、时延的要求逐渐提升，速率从 25 Mbit/s 逐步提高到 3.5 Gbit/s，时延从 30 ms 降低到 5 ms 以下。伴随大量数据和计算密集型任务转移到云端，未来"Cloud VR+"将成为 VR/AR 与 5G 融合创新的典型范例。

VR 技术通过遮挡用户的视线，将其感官带入独立且全新的虚拟空间，为用户提供沉浸式、代入感更强的体验。VR 的应用分两大类：一类是通过多摄像头采集和拼接，将平面视频转化为 360°的全景视频展现，比如专业的体育赛事、音乐会、演唱会以及电影等；另一类是利用计算机模拟环境，通过仿真技术让用户沉浸在三维动态的虚拟环境中（俗称 CG 技术），普遍用于教学、游戏等场景中。

AR 技术是将真实场景和虚拟场景有机合成，把人本身很难体验到的视听信息通过计算机加以强化，再叠加到现实世界，达到超越现实感官体验的效果。AR 更多应用在工业、商业类应用中，同时在娱乐和游戏产业也有很多应用，见表 11-2。

表 11-2　5G+VR/AR 主要应用场景

主要应用场景	介　绍
2019 年央视春晚实现 5G+VR 直播	2019 年央视春晚，中国联通、华为与中央广播电视总台合作，在中央广播电视总台布放 5G 室内数字化设备，推出央视超高清视频 VR 直播
中国移动依托 5G+360° 全屏实现了对水乡景色的 VR 全景直播	第五届世界互联网大会上，中国移动推出了业界首个基于 5G 网络传输的 8K VR 实时直播。中国移动在直播方案中采用深圳看到科技有限公司（以下简称看到科技）研发的 Obsidian 专业 VR 相机以及 8K 3D 全景直播软件 Kandao Live 8K，将实际风景实时展现在 110 英寸的大屏幕上
江西 5G+VR 春节联欢晚会	2019 年江西省春节联欢晚会首次采用 5G+8K+VR 进行录制播出。观众可以通过手机、个人计算机以及 VR 头显等多种方式体验观看，尤其是 VR 头显用户可以体验沉浸式观看
华为视频 VR 版	2019 年华为在上海发布了全球首款基于云的 VR 连接服务，同时在 2019 年下半年发布一款颠覆性的 VR 终端。通过智终端、宽管道和云应用的 5G 典型业务模式，Cloud VR 将成为 5G 元年最重要的 eMBB 业务之一

网联天空：5G+无人机

无人机，全称是无人驾驶飞行器（Unmanned Aerial Vehicle），在过去 10 年中，无人机的市场有了大幅增长，已经可以广泛应用于工业、农业、能源、建筑、环保和公用事业等多个领域，从无线遥控飞行的半自主控制到半自动控制，再到完全自主控制。无人机凭借轻便、使用范围广的特点，已成为商业、政府和消费应用的重要工具。

随着无人机的快速发展，对无人机的通信能力有了新的需求。如今，在大量的生产应用场景中，无人机已经具备了移动通信技术能力，就像汽车朝着智能网联的方向发展一样，无人机也逐渐演进到网联化阶段，成为空中的"智能手机"。通过巡视可以实时传递前方真实的场景画面，并根据后台决策实施空中作业。

5G 技术将增强无人机运营企业的产品和服务，以最小的延迟传输大量的数据。无人机与 5G 乃至人工智能等技术的融合，将会编织一张覆盖全球的无人机通信网络，实现全球各个地区 7×24 h 的航拍、勘探、监测以及各类空中作业服务，极大丰富了 5G 在各个行业的深度应用场景。

现在专门从事无人机运营服务的企业越来越多，而且正在从单纯的售卖无人机终端转变为按需售卖服务的模式，类似于"云计算"，用户可以向无人机企业提出具体场景的服务需求，由无人机提供定制化的服务。比如，农民可以付费购买无人机企业提供的按月农药喷洒服务，或者无人机提供的每周农作物环境监测服务等。

就像苹果和安卓智能手机操作系统一样，无人机也有很多应用程序开发者，开发了丰富的无人机场景服务功能，以吸引更多的用户购买。根据中国产业信息网预测，2020 年消费级无人机将达到 1600 万台，未来 5G+无人机产业将持续发展，创造出更多的行业和个人服务，见表 11-3。

表 11-3　5G+无人机应用场景

主要应用场景	介　绍
中国电信 5G+无人机应急救援	2019 年 7 月，中国电信与大邑公安局携手通过 5G+无人机技术，成功搜寻到了在西岭雪山拍摄日出迷路的两名游客，并成功救出

（续）

主要应用场景	介　绍
国网通过无人机+高清视频实现远程巡检线路	国网天津滨海公司在专门设计的无人机上搭载了 5G 终端，无人机拍摄的 4K 超高清视频能够通过 5G 网络回传给线路运维人员，运维人员无须攀登铁塔即可清晰地看到输电线路及附属设备的每一个细节
浙江通过无人机实现血液远程输送	浙江省已经尝试通过 5G+无人机将血液从浙江省血液医院运送到浙江省第二医院滨江分院。从杭州市血液中心到浙江省第二医院滨江分院，用车辆运输需要 30 min，利用无人机只需 7 min
余杭未来研创园 5G+无人机物流	杭州余杭未来研创园已实现无人机利用 5G 网络将摄像头识别的画面传输到后台监控平台以规划路径，并依靠 5G 实时视觉识别来确认投放点，完成物流配送
上海 5G+无人机高清现场直播	搭载 5G 通信技术模组的无人机在上海虹口北外滩成功实现了一场基于 5G 网络传输叠加无人机全景 4K 高清视频的现场直播
京东物流推广无人机送货服务	2017 年 6 月 6 日，京东智慧物流全国运营调度中心在宿迁正式落成并投入使用。京东打算将无人机作为智慧物流的一部分，实现无人机自动装载、起飞、巡航、着陆、卸货、配送和返航等覆盖配送全流程的系列动作

超视频化：传媒与体育的福音

从 4G 开始，视频业务逐渐成为网络流量的核心所在，抖音、快手等短视频应用取代了以往的文字、图像社交，并融入了电商因素，成为新时期的"流量担当"。如果说 4G 的视频业务还局限在个人休闲娱乐市场，那么 5G 带来的超高速率将会让视频热潮席卷各个行业市场。这其中，与个人休闲娱乐密切相关，且不需要太多行业技术门槛的场景领域，将成为 5G 商业化落地的先锋队。比如传媒和体育，5G 与 8K、VR/AR 等结合的全新视觉体验可以让很多构想中的场景彻底实现。

科技奥运：5G+体育

2018 年 2 月，韩国平昌冬奥会上，韩国电信运营商 KT 联合爱立信、三星、思科、高通和英特尔等产业链合作伙伴，部署了最大规模的 5G 网络，为整个冬奥会提供了全方位的 5G 商用服务, 实现了 5G 在奥运赛场的大型首秀。

为了凸显科技奥运的创新理念, 这些企业在 10 个奥运场馆搭建了 22 个 5G 链路, 支持 IPTV、虚拟现实以及 WiFi 等应用, 还为观众和游客提供了千兆级速度服务, 一系列 5G 的新应用为奥运盛会赋予了浓厚的科技色彩, 引来了人们对未来 5G 赋能体育赛事的憧憬。

日本也宣布要在东京奥运会上再次秀一把 5G 服务。中国在 2022 年北京冬奥会上, 必然会加大在 5G 上的部署。5G 将带给体育参赛者和观众们全新的体验享受。

- 赛事 360°全景直播: 通过在赛场内不同的角落安装 360°全景摄像机, 实现对赛场每个精彩瞬间的捕捉, 并进行 8K 的高清视频传输, 让电视机前的观众体验到身临其境般的现场观赛氛围。
- 沉浸式体验视角: 针对赛车、滑雪等极速类运动, 在运动员的头盔上安装迷你 8K 高清摄像头, 传输在高速中激烈搏杀的赛场画面, 让观众以运动员的视角看到无比刺激的比赛画面, 感觉就像自己参赛一样。
- 智能机器人裁判: 如今, 足球赛场已经引入 VAR 辅助裁判进行判决, 未来将会在更多赛事中利用到人工智能技术, 让机器人裁判替代人, 在瞬息万变的比赛中更准确地识别和判决, 减少人为偏见和视觉障碍带来的误判。

除了提供更多为比赛本身服务的技术手段外, 5G 以及物联网技术对运动员运动数据的采集也更加方便快捷, 各类随身设备会自动采集运动关键点的数据, 形成运动大数据, 通过分析呈现出更加全面的运动指标变化趋势, 有助于制定科学合理的竞技比赛方案。

2019 年 5G 在各类运动会的应用如下。

- 国际篮联篮球世界杯, 有 9 场转播使用了 5G+8K 技术。
- 中华人民共和国青年运动会, 5G 技术首次应用于大型综合性运动会的现场直播。
- 世界军人运动会, 中国移动、中国电信和中国联通三大运营商建成并开通了 3700 多个 5G 基站, 实现了 35 个场馆和重点区域的全覆盖。

智媒时代: 5G+传媒

传媒技术一直伴随着人类文明的发展, 历经几千年的变革, 经历了从手抄本到印刷术、从纸质媒介到电子媒介、从专业传媒到分众传播、从标准化传播到定制化传播，从内容媒体到社交媒体再到场景媒体、从人与人的连接到人与物的连接再到万物互联。每一次都是新技术的出现推动了传媒业的升级，到如今这个智能时代，科技赋能传媒、改变传媒的作用更加凸显。

信息技术大大拓展了传媒渠道，打破了以往被少数媒体机构垄断的传播权利，几乎所有人都可以向世界传递自己想要传递的信息。社交工具、电商平台、网络名人都可以承担起新闻的制造、发现和传播的职责。媒体已经不再是记者和新闻机构的专属，它正在泛化——泛物化、泛人化以及泛事化。

在传统媒体时代，信息与承载信息的载体无法分开，报纸、电视和广播成为传统媒体人口中的三件宝。但是，网络化媒体的出现，让信息逐渐脱离了固有的载体，成为独立的资源广泛流动，让所有连接在一起的人能够平等的介入和享有。信息即媒体，传播人人共享。

随着今后海量智能网联终端的涌现，承担传媒工作的"智慧媒体"的数量和种类将激增，M2M 的普及让每一台机器都可以媒体化。在"万物皆媒体"的 5G 时代，信息传播会变得无处不在，呈现形式也将千变万化。5G 新媒体发展趋势如图 11-1 所示。

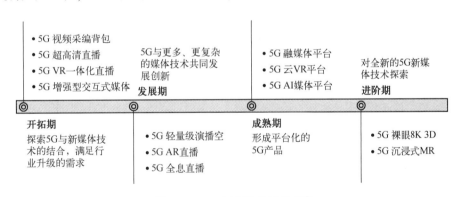

图 11-1　5G 新媒体发展趋势⊖

5G 加速了这场传媒业的变革，以往，人与人的距离越远，有效传媒的难度就越大，但 5G 让这种先天的距离障碍不复存在，人与人甚至人与物之间不再有所谓的距离，人们通过电视、广播、计算机、手机以及各类硬件设备都可以实现"知天下事"，传媒的对

⊖　《5G 新媒体行业白皮书》，IMT-2020（5G）推进组。

象、手段、形式、内容乃至理念都发生了翻天覆地的变化。

由于 5G 高速率、低时延的特点，人们将彻底摆脱固定的视频设备约束，全面拥抱移动终端，未来全家坐在沙发前看电视的场景将不复存在，取而代之的是个人享受 8K 直播、VR 全景和 3D 内容等多种多样的视频传播服务。视频流将是 5G 时代最核心的信息表达形式，手机看直播将不仅仅是 4G 时代年轻人休闲的方式，5G 时代的全面视频和全民直播将到来。

5G 与超高清视频、VR／AR 技术的融合是未来智能传媒行业最普遍的技术手段。在以往 4G 环境下，由于传输速率的限制，导致 VR／AR 在实际应用中会出现延迟、卡顿等问题，使用者互动体验不强，渲染效果不佳。5G 的超高传输速率可以突破这些瓶颈，让视频直播效果达到一个新的高度，在教育、娱乐和文宣等领域，推动传媒业的转型，非常有可能培育出 5G 初始阶段的爆款应用。

智能编辑部：央视网与百度、科大讯飞股份有限公司（以下简称科大讯飞）等 AI 企业合作，推动"人工智能编辑部"建设，包括智能创作、智能加工、智能运营、智能推荐和智能审核"五智"于一体的人工智能集成服务平台，加强人工智能技术对传统媒体编辑工作的赋能，构建全媒体传播体系的"智慧中枢"，为用户提供智能化的多场景服务。

智慧城市：城市的神经网络

我们正在经历的第四次技术和产业革命，核心力量是智能化技术，智能化技术将推动生产力的跃升，掀起社会经济发展的巨大变革。本书提到 5G 等新技术带给各个行业的变革，其最终产生的结果和价值，都会在城市发展的过程中得到集中体现。城市既是大多数人生活的居所，也是技术和产业发展的聚集地，更是这种发展所带来的各种结果的承载平台。

城市经过千百年的发展与演变，已经成为人、环境、设施和信息多种资源的集聚场所，历来城市的规划和改建、扩展工程，核心目的都是优化城市内部的空间结构，让资源的配置更加合理，让资源的流动更加顺畅，让资源的交汇能够创造更大的价值。总而言之，就是让城市越来越"聪明"，让市民越来越喜欢居住在这里。

跳出行业的视角，从更大范围来看，5G 将会是智慧城市的关键基础设施。

2008 年，IBM 首次提出了"智慧星球"（Smarter Planet）的愿景，并在此基础上，引入了"智慧城市"（Smarter Cities）的概念。

IBM 认为，智慧城市能够充分运用信息和通信技术手段感测、分析和整合城市运行核心系统的各项关键信息，从而对于包括民生、环保、公共安全、城市服务和工商业活动在内的各种需求做出智能响应，为人类创造更美好的城市生活。

一石激起千层浪，这一概念开始席卷全球各地，成为几乎所有着眼未来的城市管理者的一个工作目标。

2014 年，国家发改委联合多部委发布了《关于促进智慧城市健康发展的指导意见》，认为智慧城市是运用物联网、云计算、大数据和空间地理信息集成等新一代信息技术，促进城市规划、建设、管理和服务智慧化的新理念和新模式。

IBM 当年提出的"智慧城市"概念更像是把一个城市看成一台可以精密设计和运行的计算机系统，包括城市的硬件、软件、数据、计算和管理等各类业务形态，让城市的交通、能源、物流、医疗、教育乃至政务等领域都可以在一个集成化的系统中实现高效的运作，解决以往依靠人工干预带来的种种弊端。

十几年前，3G 技术刚刚启用不久，物联网更是一种新的愿景，云计算还不为人知，大数据更是遥不可及，人工智能还停留在少数科学家的实验室，智慧城市就像是一朵无根的鲜花，让我们眼前一亮，但又似乎高不可攀。

随着一系列新技术的到来，尤其是 5G+ABC 等技术的兴起，万物实现了联通、数据规模有了量级突破，计算能力大幅提升，让城市的感知、交互以及分析等模式都有了新的变化。当年 IBM 等畅想的很多场景都已经不再是空中楼阁，甚至当年没有想到的新的场景，也可以在强大的技术基础上得以实现。

于是，打造一个未来社会的智慧城市，实现智能技术与城市发展深度融合，加速城市经济高质量发展，提升城市的空间、人口和生态容量，已成为各国城市管理者的共同使命。

据全球权威机构调查显示，中国智慧城市的发展速度居全球第一梯队，并已在诸多领域（如交通、医疗、居住环境和基础设施建设等）展开积极探索和尝试。以智能安防为例，其产业图谱如图 11-2 所示。在 2018 年德勤发布的《超级智能城市》报告中显示，目前全球已启动或在建的智慧城市达 1000 多个，中国以 500 个试点城市数量居于首位，形成了数个大型智能城市群，成为全球建设智慧城市规模最大的国家。另外，在 2018 年英国 Juniper Research 发布的"全球智能城市 Top 20"的榜单中，从出行、医疗、公共安全和工作效率 4 个方面对城市的智能化程度进行综合评定，并揭示了这些城市在节省时间、提高工作效率、改善健康水平、提高生活质量以及提供安全环境等方面带来积极影响。其中，中国 3 座城市上榜，无锡位列第 17，银川位列第 18，杭州位列第 20。

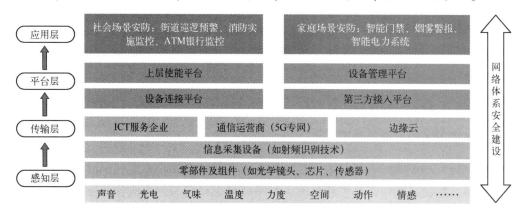

图 11-2　智能安防产业图谱○

关于智慧城市的研究成果多如牛毛，对智慧城市架构的设计也是众说纷纭，没有统一的标准。综合这些研究成果来看，对于智慧城市的描述都会提到有几个核心要素：感知、互联和应用。智慧城市的建立基础在于拥有智能化的基础设施，5G+IoT 技术是其中的关键。

我们都知道，对于个人用户而言，5G 可以大大增强手机以及各类智能终端的使用体验。而在更为广阔的物物相连的领域，5G 与 IoT 技术能够带来无处不在的全覆盖连接，让城市中的每一栋楼宇、每一户家庭、每一辆汽车和每一个商品都可以实现信息的感知和交互，从而改善我们的生活。

智慧城市本身是一个广泛连接、高效运行、资源整合和开放合作的生态系统。现如

　　○《中国 5G 产业发展与投资报告》，投中研究院。

今，城市已经不再被视为一台精密的计算机系统了，而是类似于智能化的人体，遍布城市各个角落的摄像头、传感器以及智能终端设备，就是人的眼睛、耳朵、皮肤以及四肢，用来感知身边发生的一些信息；5G 网络就是覆盖全身的神经系统，用最快的速度将外界的信息传递给大脑中枢。

我们可以从另一个角度——家庭、社区和政府，来看 5G+智慧城市的存在价值。

城市是由千万个家庭组成的，智慧家庭就是智慧城市的一个缩影。借助 5G+IoT 技术，将家庭中的多种设备、服务和应用实现互联互通，包括通信、娱乐、医疗、安防以及家庭自动化。这些服务和应用通过各种互联的和集成的设备、传感器、工具和平台进行交互。本地或云平台提供实时的智能体验，使家庭中的个人和其他数字服务能够对家中进行远程监控与操作，方便地了解我们自身情况以及家居运行情况，营造出一个健康、安全、舒适、环保和个性化的家庭生活。

比家庭更大一些的组织是社区，社区是城市的细胞，智慧社区是智慧家庭和智慧城市之间的纽带和平台，它以服务社区居民为核心，利用 5G 等技术的集成，为社区居民提供安全、高效、舒适和便捷的居住环境，全面满足居民的生活和发展需求。

作为城市的管理者，政府也是智能化转型的一部分。依托这些新技术手段，将政府打造成一个开放平台架构，实现政府管理与公共服务的精细化、智能化、社会化，实现政府和公民的双向互动。

相比于一个个细分的行业，家庭、社区和政府是智慧城市 3 个不同层面的存在，但都有着相同的使命和愿景，就是让自身变得更智能、更安全。让各种设施相互连接、信息高效互动，并最大程度地减少一些公共危害，如交通拥堵、社会犯罪和环境污染等。

让智慧政务、交通、能源、安防、家庭和社区等多种智能化应用运转流畅，让智慧城市成为"万物互联"时代的综合场景集成地，这些都离不开 5G 的"穿针引线"。

有机构预测，到 2025 年，全球将拥有 28 亿 5G 用户、650 万个 5G 基站，50% 以上的人口享有 5G 网络服务，5G 的多连接、大带宽、低时延的特性，将和丰富的行业应用一起，实现智慧城市、智慧连接。

5G 让我们的智能化场景有效融合在一起，让现实的生活和美好的愿景更接近。5G 场景落地预测视图如图 11-3 所示。

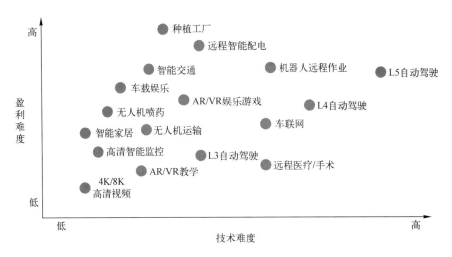

图 11-3 5G 场景落地预测视图

智慧地球：IBM 认为智慧地球的核心是以一种更智慧的方法通过利用新一代信息技术来改变政府、公司和人们相互交互的方式，以便提高交互的明确性、效率、灵活性和响应速度。智慧地球具有更透彻的感知、更广泛的互联互通和更深入的智能化三大特征。

首先，IBM 认为更透彻的感知是实现智慧地球的基础，人们可以利用任何可以随时随地感知、测量、捕获和传递信息的设备、系统或流程。通过使用这些新设备，从人的血压到公司的财务数据或城市的交通状况等任何信息都可以被快速获取并分析，便于立即采取应对措施和进行长期规划。

其次，互联互通是指通过各种形式的高速、高带宽的通信网络工具，将个人电子设备、组织和政府信息系统中收集和储存的分散信息及数据连接起来，进行交互和多方共享，从而更好地对环境和业务状况进行实时监控，从全局角度分析形势并实时解决问题，使得工作和任务可以通过多方协作来得以远程完成，从而彻底改变整个世界的运作方式。

最后，智能化是指深入分析收集到的数据，以获取更加新颖、系统且全面的信息来解决特定问题。这要求使用先进技术（如数据挖掘和分析工具、科学模型和功能强大的运算系统）来处理复杂的数据分析、汇总和计算，以便整合和分析海量的跨地域、跨行业和职能部门的数据和信息，并将特定的知识应用到特定行业、特定的场景以及特定的解决方案中，以更好地支持决策和行动。

可以说，智慧地球是泛在网络理念更形象的阐述，是一种智慧化的物联网。智慧地球是一种终极目标，体现了人类通过技术的演进，实现人与自然和谐相处的愿望。

数字经济：5G 驱动数字化转型

紧随智慧城市而来的是经济模式的变革，数字经济正在成为世界各国新的经济增长引擎。

人类社会经历了农业经济、工业经济之后，走进了数字经济阶段。"数字化"是这个时代的共同话题。数字资源已经成为信息经济时代最具有战略价值的资源。数字经济领域如今已成为最具创新活力、也最被资本市场追捧的领域。在购物、旅游、家居、医疗、教育、交通和娱乐等多种行业，出现了众多智能化的解决方案，以及 O2O 的服务模式。数字化服务正在取代传统的产品，变成人们日常生活的必需品。

数字经济刚刚兴起，但对于数字经济的预测和研究，早在二十几年前就已经开始了。

1996 年，尼葛洛庞帝出版了他的代表作《数字化生存》，在书中，他展望了未来：计算机和信息技术会改变我们的学习方式、交流方式和生活方式，我们终将进入一个新的世界——数字化世界。它以信息技术为基础，将生产要素进行数字化呈现，生产关系进行数字化重构，经济活动将以数字化形态开展。

这是一种在数字空间工作、生活和学习的全新生存方式。我们进行网购、网聊、网络学习、网上就医以及网络化的生产制造，是对现实世界的模拟，也是对现实的一种延伸和超越。尼葛洛庞帝提出的数字化服务也随着互联网的普及，很快地走进了我们的生活中。

1998 年，美国商务部发布《浮现中的数字经济》（The Emerging Digital Economy）报告。报告指出，数字革命已成为世纪之交各国战略讨论的核心和焦点，数字经济也成为新的经济活动的主题。

2016 年，在杭州举办的 G20 峰会上，发布了《二十国集团数字经济发展与合作倡议》，其中给出了数字经济的定义。数字经济是指以使用数字化的知识和信息作为关键生产要素、以现代信息网络作为重要载体、以信息通信技术的有效使用作为效率提升和经济结构优化的重要推动力的一系列经济活动。

根据有关数据统计，2018 年我国数字经济达到 31.3 万亿元，占 GDP 的比重达到

34.8%，按可比口径，2018 年我国数字经济名义增长 20.9%，高于同期 GDP 名义增速约 11.2 个百分比。5G 直接和间接经济产出如图 11-4 所示。

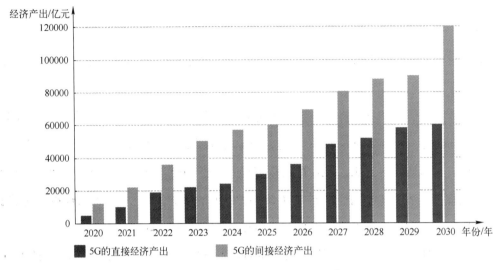

图 11-4　5G 直接和间接经济产出[○]

在信息技术快速发展和普及的今天，数字化的知识和信息已经成为关键的生产要素，而生产要素要发挥出最大的投入产出效果，就必须依赖更加安全、更高密度的现代信息网络。

5G 是数字经济的关键基础设施，不仅仅是 5G+ABC 等一系列新技术的部署，而且还有在新技术的推动下，传统的电力、交通等基础设施的数字化改造升级。5G 正在从底层开始推动信息网络升级，也对各行各业的数字化进行赋能。

5G 将以更快的传输速度、超低的时延、更低的功耗及海量的连接开启万物互联新时代，催生和推动各行各业的数字化发展。在交通、能源、制造、教育、医疗、消费以及休闲娱乐等行业带来新的参与者，促进传统商业模式演进甚至是颠覆性的重塑，以万亿级美元的投资拉动十万亿级美元的下游行业经济价值。

根据中国信通院的测算，在 2020～2025 年，5G 将拉动中国数字经济增长 15.2 万亿元。5G 将拓展数字经济的创新领域，孕育出更多的新服务和新产品。德勤公司认为，

○　《5G 经济社会影响白皮书》，中国信通院。

2020～2035 年全球 5G 产业链投资额预计将达到约 3.5 万亿美元，其中中国约占 30%；与此同时，由 5G 技术驱动的全球行业应用将创造超过 12 万亿元的销售额。

在万物互联的新时代，人们的娱乐、购物、社交、工作和学习等方式都会发生巨大的改变，企业和商家的营销、生产和物流等方式也会有对应的变化，产生出新的商业模式，这背后正是 5G 融合其他科技手段，推动了整个产业链的智能化升级，带来各行各业向数字化转型的浪潮，如图 11-5 所示。

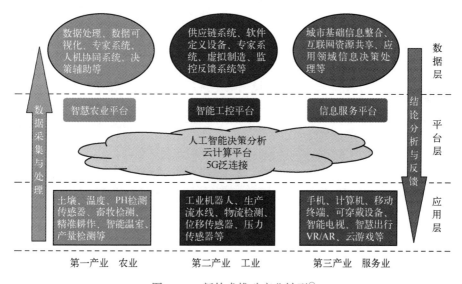

图 11-5　新技术推动产业转型○

5G 与我们每一个人、每一家企业都息息相关，5G 本身具有巨大的经济价值，但 5G 的意义早已超出了行业本身，成为赋能社会生产力，产业转型升级的关键因素。

数字化企业：是指在企业的经营管理、产品设计与制造、物料采购与产品销售等各方面全面采用信息技术，实现信息技术与企业业务的融合，使企业能够采用数字化的方式对其生产经营管理中的所有活动进行管理和控制。

数字化转型：是指以客户需求为中心，以数字化技术发展为基础，建立数字化经营管理理念，进一步优化企业的生产、经营和运作等一系列价值创造过程。数字化的转型要包括企业提供的产品服务数字化和企业本身经营管理的数字化两部分。

○ 《"5G+云+AI"：数字经济新时代的引擎》，中国信通院。

展望：

————

5G 赋能典型场景

认　识　5G+

行业	典型场景	介　绍
医疗	健康监测	支持实时传输大量人体健康数据，介绍协助医疗机构对非住院穿戴者实现不间断身体监测
	远程查房	医生通过 5G 网络连接医疗信息系统，实现电子病历的实时输入、查询或修改以及医疗检查报告快速调阅的一种查房形式
	远程手术	通过对手术画面和医疗画面等进行远程直播，结合 AR 帮助基层医生进行手术；或者通过 5G 网络传输的实时信息，结合 VR 和触觉感知系统远程操作机器人手术
	移动救护	对超高清视频和智能医疗设备数据的传输，协助医生提前掌握救护车上病人的病情
	远程会诊	通过 5G 网络、高清视频和智能设备结合，为医生提供更真实的病况，为病人提供高阶会诊
	医院管理	利用 5G 构建医院物联网，将医院各类医疗设备资产联网，实现医院资产管理、院内急救调度、医务人员管理、设备状态管理、门禁安防、患者体征实时监测、院内导航等服务，提升医院管理效率和患者就医体验
休闲	沉浸式游戏	通过 5G+8K 视频传输及 AR/VR 身临其境地参与网络游戏中人物的扮演
	360°全景直播	通过 5G+8K 视频传输及 AR/VR 实现大型体育、文化赛事的 360°全景高清的直播
	交互沉浸式演播室	通过对 VR、AR、MR、全息等沉浸式技术的融合应用，将演播室打造出一种身临其境的视觉化体验，让主持人或现场嘉宾仿佛置身于现场
	虚拟购物	通过 5G+8K 视频传输及 AR/VR 实现在任何时间、任何地点的远程购物、试衣等
	家居互联	5G 能够实现更多的家居设备互联，并且提升设备间的响应速度

（续）

行业	典型场景	介　绍
能源	远程电网运维	在高危的电力施工现场，5G 连接远程控制设备与高清摄像头，实现远程维护与操作
	并网优化	5G 低时延地将海量的分布式新能源发电参数及时传输至控制主站进行整合，以完善并网系统
	智能配电	配电线路及设备的数据连接，实现运行状态检测、故障诊断以及定位等，恢复非故障区正常供电
	精准负荷控制	根据用电终端负荷信息实时反馈进行电力切片，精准地控制不同用电需求，实现高效和错峰用电
	无人采矿	通过 5G 网络的调度实现远程控制车辆行驶操作，实现露天矿区钻、铲、装、运的全程无人操作，使矿区生产安全性、开采效率和资源利用率得到提升，降低生产成本
交通	车辆编排行驶	根据第一辆车低时延、高可靠地传输信息至后面的车队，在高速公路、隧道港口等实现多任务并行
	辅助导航	通过 5G 网络为驾驶员提供 AR 辅助的实时路况，精确导航，减少导航误判
	车路协同	5G 的低时延、高可靠性支持车联网（V2X）实现车辆与道路协同和自动驾驶
	智能交通	根据统计车流量来调节红绿灯的时间；对出入口进行规划，道路疏导，提前拥堵预警等
安防	智能安防	结合人脸识别等技术，通过安防摄像头实时传输超清视频，对潜在危险任务与行为进行提前识别
	无人机巡检	实时传输数据至云端辅助侦察，对火灾等紧急情况进行巡检，做出实时预警
农业	精准种植	利用传感器实时监控湿度、光照等影响农作物生长的因素，将采集的数据上传至云端做出实时分析诊断，及时精确地操控农业设备自行灌溉、施肥
	精细养殖	通过传感器随时采集牲畜生理状况、位置等信息，结合语音识别、图像分析、人工智能等手段监测分析其健康和安全
	智慧农场	农业植保无人机依托 5G 网络扩大飞行范围进行大面积农作物护养，如喷洒种子、药剂以及牲畜监控寻找等作业

（续）

行业	典型场景	介　绍
教育	虚拟课堂	5G+VR/AR 与教育结合，提升学生学习兴趣，为师生提供互动化、个性化和沉浸式的课堂教学体验
	远程教学	5G+VR/AR 让学生足不出户便可以做各种各样的实验，获得与真实实验一样的体验
	全景课堂	互动教学引入全景视频，全景摄像头可架设在主讲教室，通过 5G 网络覆盖。可通过大屏、VR 一体机观看全景直播，VR 一体机视角投屏到大电视
	学生行为分析	借助各类智能终端和感知技术收集学生在学习过程中的海量数据，从阅读、聆听、写作和交流等各个环节分析出学生背后隐藏的思维模式、兴趣方向、情绪波动等深层次因素，由此制定出符合每个人特点的个性化学习方案，真正实现"因材施教"的目标
工业	园区、厂区监控	针对工业园区、厂区和港口等特定区域，利用 5G 网络大带宽能力回传高清视频监控图像，确保安全施工
	远程监控调试	设备商可以通过 5G 对销往不同区域的设备仪器的状态进行实时监控，实现故障预警，并且进行远程调试
	物流追踪	5G 保证货物从仓库管理到物流配送各个环节可以实现高速网络连接，对商品进行场外的实时追踪监控，确保整个配送环节最优化
	工业自动化	5G 可提供极低时延、高可靠和多连接的网络，使得闭环控制应用通过无线网络连接成为可能
	云化机器人	通过 5G 连接云端控制中心，利用人工智能和大数据技术对生产制造过程进行实时控制，满足柔性化生产的需要
	工业 AR	通过 AR 等技术实现人机协作，开展监控生产流程、指引生产任务、培训工人技能等操作
金融	虚拟客服	金融机构可采用 VR 或全息技术将金融服务通过立体影像呈现，打造全新的智能网点，创新银行与客户的交互模式
	VR 支付	云化 VR/AR 的应用将能够为支付提供更丰富的决策数据辅助和更真实的场景体验，从而改变现有的支付模式和体验
	金融机器人	利用摄像头等采集用户信息，借助 5G 传输至后台，结合人工智能技术进行分析，快速决策并反馈，为用户办理金融业务
	智能风控	5G+IoT+AI 将风险管理嵌入企业客户的经营生产流程，实时掌握客户的风险动态，为风险管理和风险经营提供决策支持和数据支撑

结语：

5G 不是终点，6G 悄然上路

认　识　5G+

2019 年 11 月，北京寒冬将至，世界 5G 大会正在火热召开，专家和厂商在畅谈 5G 的同时，也开始关注下一代网络技术——6G。

5G 的威力已经开始在各个行业显现，那么 6G 又会给我们带来什么惊喜呢？

如果用最通俗易懂的网速来描述的话，5G 的理论下载速率为 10 Gbit/s，是 4G 上网速率的 10 倍。而 6G 的理论下载速度将是 1 Tbit/s，也就是 5G 的 100 倍之多。这种速率已经等同于在线播放了。

事实上，从个人体验来看，5G 的速率已经足以满足我们观看电影视频一类的需求，单纯从速度上提升的意义也不是很大了。

6G 的价值在于为 5G 开启的"万物互联"时代添柴加薪。5G 有的，要靠 6G 来改进，5G 没有的，要靠 6G 来扩展。比如在一些对网络传输要求极高的场景下，达到 5G 还不能绝对满足的极致速度要求，让身在边远山区的孩子能够享受大城市的优质教育资源，让身处偏远乡村的病人能够看上最好的医生，让人类可以准确预测任何一个地方的自然气候和灾害，彻底实现一个无盲点、无时延的终极全覆盖网络世界。

正因如此，5G 时代尚未完全开启，6G 研究已经悄然上路。

6G 指的是第六代移动通信技术，目前国际上对 6G 技术尚未有统一的定义，有人认为 6G 是基于太赫兹频段的通信技术，有人认为 6G 等于 5G+AI 的升级，还有人认为 6G 是应用全球卫星网络的 5G 技术。

2018 年 7 月，国际电信联盟成立了 2030 网络技术的研究组。目前，美国、中国、日本、韩国、芬兰等国家都已踏上 6G 研发赛道。

2019 年 3 月，美国开始部署 6G 的研究。

2019 年 11 月 3 日，科技部会同国家发改委、教育部、工业和信息化部、中国科学院、国家自然科学基金委员会在北京组织召开 6G 技术研发工作启动会，宣布成立国家 6G 技术研发推进工作组和总体专家组，推动 6G 技术研发工作实施。

如今，5G 刚刚开始商业化，本书畅想的种种 5G 时代的场景将会在未来 10 年内逐渐成为现实，融入我们的生活中。就像 3G、4G 一样，潜移默化地改变着我们的社会经济面貌，也改变着我们每个人的生活方式。

至今 6G 技术仍停留在概念设想阶段，但随着各国逐渐将战略重点和研发经费投入转移到 6G 中，6G 技术的研究会很快进入快车道，我们也将不断听到来自科技前沿的最新成果。

2020~2030 的 10 年，将是 5G 改变世界的 10 年，让我们带着对 6G 的畅想来走进 5G 主导的时代吧！